青少年安全丛书

QINGSHAONIAN ANQUAN CONGSHU

青少年不可不知的

# 交 通 安 全

QINGSHAONIAN BUKEBUZHI DE JIAOTONGANQUAN

主 编：郭建新　白　垚

副主编：郑英如　韩　健　郑秀惠
　　　　刘　强　易　萍

编者（按姓氏拼音排名）：
　　　　白　垚　郭建新　韩　健
　　　　蒋红梅　李　力　刘　强
　　　　彭珠芸　王　琼　王贤华
　　　　吴江林　易　萍　俞丽丽
　　　　袁　涛　颜耀华　余欣梅
　　　　张庆华　郑英如　郑秀惠

**图书在版编目(CIP)数据**

青少年不可不知的交通安全/郭建新,白垚主编
—重庆:西南师范大学出版社,2013.3(2019.1重印)
ISBN 978-7-5621-6185-1

Ⅰ.①青… Ⅱ.①郭…②白… Ⅲ.①交通安全教育
—青年读物②交通安全教育—少年读物 Ⅳ.①X951-49

中国版本图书馆 CIP 数据核字(2013)第 058677 号

# 青少年不可不知的

# 交 通 安 全

## 主 编 郭建新 白 垚

策　　划:刘春卉　杨景罡
责任编辑:廖小兰
插图设计:余兰川
装帧设计:曾易成
出版发行:西南师范大学出版社
　　　　　地址:重庆市北碚区天生路2号
　　　　　邮编:400715　市场营销部电话:023-68868624
　　　　　http://www.xscbs.com
经　　销:新华书店
印　　刷:重庆市正前方彩色印刷有限公司
开　　本:889mm×1194mm　1/32
印　　张:8
字　　数:115 千字
版　　次:2013 年 6 月第 1 版
印　　次:2019 年 1 月第 7 次印刷
书　　号:ISBN 978-7-5621-6185-1

定　　价:16.00 元

　　衷心感谢被收入本书的图文资料的原作者。由于条件限制,暂时无法和部分作者取得联系,恳请这些作者与我们联系,以便付酬并奉送样书。

# 序　言

　　青少年朋友们，感谢你们翻开这套丛书，我也很高兴能够将其介绍给大家。

　　青少年能够身体健康、心情愉悦、才干增长是我们的共同期待，然而，我们成长在这样一个时代：一方面，食物种类琳琅满目、电子产品更新超快、立体交通四通八达、互联网络海量信息；另一方面，食品安全事件层出不穷、电子辐射无处不在、交通事故频繁出现、网络信息参差不齐。不仅如此，传染病和自然灾害也时有发生。作为青少年，在汲取当今社会物质和精神营养的同时，往往也是最容易受伤的人。

　　我不禁想到了一名新西兰 10 岁女孩蒂莉·史密斯的故事。2004 年 12 月 26 日早晨，正在泰国普吉岛度假的小女孩全家到海滩散步，史密斯看到"海水开始冒泡，并发出像煎锅一样的咝咝声"。凭借此前所学的地理科普知识，她迅速做出这是海啸即将到来的判断。于是，她大声向人们呼喊"海啸要来了"，不但救了她自己和父母，而且挽救了普吉岛麦考海滩附近 100 多人的生命。

　　因此，我们应该向这个新西兰小女孩学习，"安全第一，预防为主"这句话绝对不只是口号而已。面对当今社会一些复杂问题和突发安全事件，我们准备好了吗？

去年这个时候，作为一名医科院校公共卫生教师，我很荣幸地接受了西南师范大学出版社职业教育分社的邀请，成为该丛书的主编，并组建了由高校、医院和食品药品监督管理局的一线专家组成的编写团队，确保丛书内容的科学性。另外，为了增加丛书的趣味性、可读性、科普性，特邀了医科大学部分研究生和本科生参加编写。

　　丛书内容主要涉及食品安全鉴别方法、应急救护避险方法、网络安全、交通安全、防辐射知识、自然灾害自救方法、传染病防治方法、公众安全应急措施等八个方面，即分别是《青少年不可不知的交通安全》《青少年不可不知的网络安全》《青少年不可不知的防辐射知识》《青少年不可不知的自然灾害自救方法》《青少年不可不知的应急救护避险方法》《青少年不可不知的食品安全鉴别方法》《青少年不可不知的传染病防治方法》《青少年不可不知的公众安全应急措施》八本。

　　丛书以与青少年密切相关的有关安全事故的案例来组织编排，以提问的方式指出安全事故模块中错误或不当的做法，并提出如何正确操作的互动讨论，同时通过"加油站"和"专家引路"来进行科学性知识的解读，用"我来体验"操作练习来提高青少年安全应对意识和技能。

　　本丛书的主体对象是青少年，当然，也希望教师以及学生家长能够阅读。

　　然而，由于各方面的原因，本丛书仍有很多不足之处，希望广大读者给予宝贵意见和建议，以进一步完善该套丛书。

赵　勇

2012 年 12 月 8 日　于美国辛辛那提大学

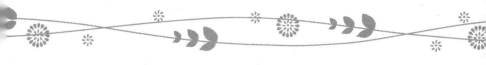

# 前　言

　　当我们行走在马路上,当我们脚踏自行车奔驰在车道中,当我们在路边等候着红绿灯的替换……此时此刻,安全隐患潜伏在我们的身边。除非你小心谨慎,遵守交通规则,否则它会无孔不入。

　　全世界每年都有许多因交通事故而致死、伤残的受害者,财产损失更是一个天文数字。我们国家的交通事故问题非常严重,每年因道路交通事故伤害死亡的人数居世界首位,而且以较高的比例递增。据公安部通报的全国道路交通事故统计分析,每年全国发生道路交通事故数十万起,造成数万人死亡或受伤,其中有不少人是我们的儿童和青少年朋友们,直接财产损失几十亿元。交通安全人人有责,我们要从小养成遵守交通规则的习惯,特别要提高驾车时的安全意识,严禁酒后、疲劳、超速违规驾驶。

　　我们愉快地行进在路途中,遵守交通法规的规定,安全地行车、走路,那么我们就能避免因交通事故引发的人身伤亡或财物损失等。本书根据全国道路交通事故发生的状况、

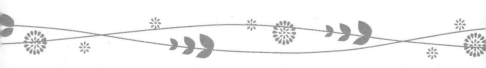

常见交通肇事原因、交通安全常识、交通安全意外的预防以及基本的交通事故处理常识,着重讲述交通安全的重要性,从以下几方面论述:安全事故、互动讨论、知识加油站、专家引路、我来体验、小贴士。为了自己、为了家人、为了国家的未来,青少年朋友们要时刻注意交通安全,做到平安出行、平安回家,望本书能够加强青少年朋友们对交通安全知识的了解,避免和减少青少年朋友们交通事故的发生。

# 目 录

1

## 第三篇　安全常识助我行

### ——交通安全常识教育

2

## 第四篇　有效预防我先知

### ——交通意外的预防

# 第五篇 科学处理减伤害
## ——交通意外的处理常识

3

# 第一篇
# 火眼金睛辨事故
## ——各种交通事故解析

我们的生活离不开交通：去学校上学，要坐汽车；去海边玩，要坐飞机；去另一个城市走亲戚，要坐火车。交通工具无时无刻不与我们相伴。这些工具一方面给我们的生活带来便利，另一方面也给青少年朋友们带来很多危险。当我们碰到危险时，如何快速判断问题出在哪里，这对保护我们的自身安全至关重要。青少年朋友们，请阅读下文，答案即将揭晓哦。

# 一、汽车交通事故

安全事故

2004 年 9 月 10 日傍晚,李军驾驶自己的轿车在北京市区

的海淀路上行驶,正巧前面遇有红灯,便停车等待,在李军的轿车前面停有一辆大

交通事故

型的混凝土搅拌车。此时,在李军车后面的另一辆大型载物卡车刹车失灵,撞向李军的轿车,将李军的轿车撞进停在其轿车前面的混凝土搅拌车的后下部,结果导致李军的轿车大面积严重受损,已经根本无法驾驶。李军本人头部、膝盖受到创伤,胸部撞向汽车方向盘受到一定程度的损伤,但没有危及生命,只是皮外伤。李军第一时间报了警,北京市公安局公安交通管理

局海淀交通支队的警察依法作出被告载物大卡车"负全部责任,承担事故全部损失费"的交通事故责任认定书,负责李军轿车的维修费用和李军的医疗费用。

互动讨论

(1)当时李军的做法正确吗?

(2)遇到这样的交通事故你能够第一时间做出正确的反应吗?

(3)如何识别汽车交通事故的轻重级别以及是否需要报警处理?

(4)如何准确无误地请求救援?

(5)如何进行正确的交通事故善后处理?

知识加油站

正确理解汽车交通事故的基本含义。本书所指汽车交通事故的外延较道路交通事故的外延要狭窄。根据《道路交通事故处理办法》的规定,道路交通事故是指"车辆驾驶人员、行人、乘车人以及其他在道路上进行与交通有关活动的人员,因违反《道路交通管理条例》和其他道路交通管理法规、规章的行为,过失造成人身伤亡或者财产损失的事故"。从道路交通事故的发生形态上,可分为机动车与机动车、机动车与非机动车、机动车与行人或乘车人、非机动车与非机动车、非机动车与行人或乘车人之间发生的事故。汽车交通事故实质上限于机动车与机动车、机动车与非机动车、机动车与行人、乘车人之间发生的道路交通事故。

汽车交通事故有以下特征：一是在道路上发生。这里的"道路"包括公路、城市街道和胡同（里巷）以及车站、公共广场、公共停车场等供车辆、行人通行的场所。公路则是指根据公路法的规定，经公路主管部门验收认定的城间、城乡间、乡间能行驶汽车的公共道路，包括国道、省道、县道和乡道。在地面上借助铁轨运行的机动车辆如有轨电车、轻轨火车所造成的交通事故，不属于汽车交通事故。我国《道路交通事故处理办法》规定，火车与车辆、行人在铁路道口发生的交通事故，依照国务院有关规定处理。二是发生在机动车与机动车、非机动车、行人、乘车人之间。三是在汽车营运过程中发生，即至少有一方车辆处于启动、行驶、刹车、减速、加速、转弯等运动过程中。机动车辆处于正确的停放状态而非机动车辆或行人处于运动状态所发生的事故，不属于汽车交通事故。四是有损害后果，因汽车交通事故的发生造成了人身伤亡或者财产损失。

这里着重阐明几个相关概念：一是汽车机械事故。所谓汽车机械事故是指驾车员无法预见、突然发生机械故障所导致的损害后果的事故。根据上文理解，只要是汽车在地面营运过程中与其他机动车辆、非机动车辆、行人发生了损害后果，不论其原因如何，不论是否发生机械事故，均应视为汽车交通事故。只是在认定责任的主体、处理依据、处理程序和责任承担等与一般的由公安交通机关处理的道路交通事故案件不同而已。

5

如果汽车所有人（管理人）、使用人已经发现机械故障但没有采取适当措施避免事故发生，可以由公安交通管理机关进行认定和处理；如果是汽车所有人、使用人不能预见、无法克服的汽车质量问题所造成的损害，受害人可根据损害赔偿及《产品质量法》等规定向侵权行为人、发生质量问题的责任人要求赔偿，可不必经公安交通管理机关解决而直接向人民法院起诉。

二是汽车刹车（门伤）事故。汽车刹车（门伤）事故是汽车在起步、制动、转弯过程中导致乘车人剧烈晃动，与其他物体发生碰撞或开、关车门时发生挤压造成旅客人身或财产损害的事故，它也属于汽车交通事故。汽车刹车（门伤）事故造成受害人损失，应承担赔偿责任。但是，这并非完全基于汽车驾驶员的违章行为而承担的赔偿责任（实践中，未必有违章行为），主要是基于交通运输合同对保障旅客人身安全的要求。根据《合同法》第 302 条的规定，承运人对旅客在运输过程中的伤亡负无过错责任而非过错责任，除非承运人能够证明伤亡是旅客故意、重大过失或旅客自身健康原因造成的，承运人对旅客伤亡应承担损害赔偿责任。原则上，对造成人身伤亡的汽车刹车（门伤）事故，适用严格责任；对仅造成财产损失的汽车刹车（门伤）事故，应适用过错责任。受害人可依据民法通则、合同法、消费者权益保护法等规定向承运人（汽车所有人或使用人）要求民事赔偿或提起诉讼。

交通文明教育

　　李军当时的做法不是完全正确的,要全面地分析李军的做法。在李军被身后的载物大卡车撞击后,身体受到一定程度的损伤,但是意识还清醒,李军的第一反应是报警,这一点是正确的。但是,随后李军应该迅速根据自身受伤情况的严重程度判断是否需要拨打急救电话120,等待医生对自己的救护。另外,还要关注肇事车辆及人员有无潜逃的倾向。

　　一旦发生交通事故这种突发事件时,人们的情绪往往很激动,有的人总是先爱理论一下孰是孰非后才清醒要做什么,这样会延误伤者的救治时间,是最错误的做法。呼吁社会在如今车流如织的年代应像普及地震、火灾、流感的应急措施那样,普及一下交通事故突发时首先要做什么。没有受伤或轻伤的,或

第一时间赶到的人员应保持清晰的头脑,做到以下三个步骤:

1.视伤者受伤程度轻重及时拨打120送至医院检查、救治,最大限度地保证伤者的生命安全。对于救人最好等待急救车,以免因救助不当引起二次伤害;根据伤者的伤情和你掌握的急救知识,如果确信你可以救助也可以用自己的车辆或者搭乘其他车辆将伤者送到医院。如果发现患者无任何反应、无呼吸或呼吸不正常(即仅有濒死喘息)、摸不到大动脉搏动,应尽快启动急救医疗服务系统。施救者应设法拨打120通知当地就近的急救机构,尽可能提供:

(1)急救患者所处位置(街道或路名全称);

(2)急救患者正使用的电话号码;

(3)发生什么事件;

(4)受伤者人数;

(5)患者情况(有无反应、发作时间等);

(6)已经给予患者哪些急救措施处理;

(7)回答其他任何被询问的信息,确保专业救护人员无任何疑问。

2.保护现场,电话通知保险公司到现场,照相、笔录下伤者的目测情况及有多少物品受损。

3.保护现场,拨打110报警要求警察到现场。

(1)事故所处具体位置,确保警察能够迅速地到达事故现场;

(2)保护事故现场,不要轻易移动现场的物品,以便警察对事故进行责任分析等后期工作的顺利开展;

(3)伤患情况。

我来体验

（1）现在你为发生紧急交通事故时需要做到的几点注意事项做好准备了吗？

（2）你能回答发生交通事故需要报警时所要交代的各种信息了吗？

（3）请求急救医疗系统救援我们需要交代哪些？你能给事故中受伤人员做简单的急救措施吗？

小贴士

9

交通事故已成为"世界第一害"，而中国是世界上交通事故死亡人数最多的国家之一。从本世纪初至今，中国因交通事故死亡人数已超过90万人。

| 年份 | 交通事故 | 死亡人数 | 直接经济损失 |
|------|---------|---------|------------|
| 2001 | 75.5 万起 | 10.6 万人 | 30.9 亿元 |
| 2002 | 77.3 万起 | 10.9 万人 | 33.2 亿元 |
| 2003 | 66.7 万起 | 10.4 万人 | 33.7 亿元 |
| 2004 | 51.8 万起 | 9.4 万人 | 23.9 亿元 |
| 2005 | 45.0 万起 | 9.8 万人 | 18.8 亿元 |
| 2006 | 37.8 万起 | 8.9 万人 | 14.9 亿元 |
| 2007 | 32.7 万起 | 8.2 万人 | 12.0 亿元 |

续表

| 2008 | 26.4 万起 | 7.3 万人 | 10.2 亿元 |
| 2009 | 23.8 万起 | 6.8 万人 | 9.1 亿元 |
| 2010 | 29.0 万起 | 6.5 万人 | 9.3 亿元 |
| 2011 | 21.1 万起 | 6.2 万人 | 8.9 亿元 |

2001 年～2011 年交通事故发生情况一览表

# 二、火车交通事故

安全事故

以前,火车主要用于长途客运和货运,给人们的印象是脏、慢、差,现在高速铁路列车、城际动车、地铁列车等新型交通工具的出现,不仅完全改变了火车在人们心中的印象,同时也给我们的生活带来了极大的便利,长途旅行变得轻松、快捷,城际交通仿佛成了市内交通,跨进地铁站,我们再也不怕塞车。在我们享受便捷服务时,是否想到潜在的危险呢?"7·23"甬温线特大铁路交通事故应该给我们带来怎样的启示呢?

2011 年 7 月 23 日晚上 20 点 30 分左右,北京南站开往福州站的 D301 次动车组列车(载客 558 人)运行至甬温线上海铁路局管内永嘉站至温州南站间双屿路段,与前行的杭州站开往福州南站的 D3115 次动车组列车(载客 1072 人)发生追尾事故,后车四节车厢从高架桥上坠下。这次事故造成 40 人(包括 3 名外籍人士)死亡,约 200 人受伤。

"7.23"甬温线特大铁路交通事故

　互动讨论

(1)如果你遇到这样的重大火车交通事故该怎么办？

(2)遇到这样的交通事故你能够第一时间做出正确的反应吗？

(3)如何准确无误地请求救援？

(4)第一时间如何自救？

(5)假如列车发生火灾该怎么办？

(6)确定自己安全后怎样安全地救护其他受伤人员？

**知识加油站**

追尾是指同车道行驶的列车尾随而行时,后车车头与前车车尾相撞的行为。主要由于跟进间距小于最小安全间距和驾驶员反应迟缓或制动系统性能不良所致。提起追尾事故,很多驾驶员都知道,在动车组上发生追尾事故造成的后果非常严重:因为车速普遍较快,撞击产生的冲力较大。当然,我们不可能因为动车组发生追尾事故就"因噎废食"不搭乘动车。为减少事故发生的频率,除了使车速始终保持在限制速度之内,还要加强列车调度员的责任心,提升动车组列车本身的生产质量。

逃生自救黄金时间为发生意外事件后 4～6 分钟。

外出旅行别忘准备急救包物品:创可贴、酒精片、三角巾、绷带、止血带、颈托、无菌纱布、冰袋、保温毯、手电筒、哨子、手套、呼吸面罩、剪刀、镊子、急救手册等。

药品:云南白药喷雾剂、风油精、藿香正气水、黄连素片、氟哌酸、开瑞坦、眼药水、硝酸甘油片、健胃消食片、晕车药、正骨红花油、感康等。

**专家引路**

火车失事在我国较为少见,但是也不能放松警惕,火车发生事故通常有两类:与其他火车相撞或者火车出轨。当火车事故发生时,你在事故中几乎不可能完全不受伤,但是你可以做一些防护措施以尽量减少事故造成的伤害。出轨的征兆是紧急刹车,剧烈晃动,同时车厢向一边倾倒。

**1.遭遇火车交通事故时的第一反应**

在感觉到火车要发生事故这短短的几秒钟,你做了什么样的准备显得非常重要,那就是要调整成比较安全的坐姿。如果你远离车门,甚至可以趴下,抓住牢固的物体,以防被抛出车厢。同时,低下头,下巴紧贴胸前,以防颈部受伤。

**火车交通事故**

车体经过剧烈颠簸、碰撞后,如果不再动了,说明车已经停下,这时你要赶快活动一下自己的四肢,如果活动自如,要迅速想办法逃离车厢。一般来说,前几节车厢出轨、相撞、翻车的可能性大,而后几节车厢的危险性则小得多。车厢连接处是最危险的地方,故不宜停留。

车停下来后,不要贸然在原地停留观察,因为车厢起火的

13

情况很可能发生。这时应该将车窗边上的安全锤拿出,打破窗户爬出去或采取各种方式打碎玻璃逃离车厢。在判断火车失事的瞬间,应采取如下措施:

(1)脸朝行车方向坐的人要马上抱头屈肘伏到前面的坐垫上,护住脸部,或者马上抱住头部朝侧面躺下。

(2)背朝行车方向坐的人,应该马上用双手护住后脑部,同时屈身抬膝护住胸、腹部。

(3)发生事故,如果座位不靠近门窗,应留在原位,抓住牢固的物体或者靠坐在坐椅上。低下头,下巴紧贴胸前,以防头部受伤。若座位接近门窗,就应尽快离开,迅速抓住车内的牢固物体。

(4)在通道上坐着或站着的人,应该面朝着行车方向,两手护住后脑部,屈身蹲下,以防冲撞和落物击伤头。如果车内不拥挤,应该双脚朝着行车方向,两手护住后脑部,屈身躺在地板上,用膝盖护住腹部,用脚蹬住椅子或车壁,同时提防被人踩到。

(5)在厕所里,应背靠行车方向的车壁,坐到地板上,双手抱头,屈肘抬膝护住腹部。

(6)事故发生后,如果无法打开车门,那就把窗户推上去或砸碎窗户的玻璃,然后脚朝外爬出来。但是你要时刻注意碎玻璃是非常危险的,就算你确认不会被碎玻璃划伤,你也许会被电击的危险所困扰,铁轨可能会有电。如果车厢看起来不会再倾斜或者翻滚,待在车厢里等待救援是最安全的。

(7)确定火车停下需要跳车避险时,应注意对面来车并采取正确的跳车方法。跳下后,要迅速撤离,不可在火车周围徘徊,否则很容易发生其他危险。

(8)离开火车后,应设法通知救援人员。若附近有一组信号灯,那么灯下通常会有电话,这可用来通知信号控制室,或者就近寻找电话报警。

(9)在都市乘坐地铁或城市轻轨时,不要倚靠在车门上,应尽量往车厢中部走。一旦发生撞车事故,车厢两头和车门附近是很危险的。

(10)发生事故后,一切行动听从指挥,因为路轨通有电流,必须在乘务人员宣布已经切断电源后方可撤离。

### 2.在火车着火后怎样自救

当所乘坐的火车发生火灾事故时,要沉着、冷静、准确判断,切忌慌乱,然后采取措施逃生。事故发生后,火车的车厢内会变得黑暗,你可以利用随身携带的手机或者其他可发光物体照明,切记不要在黑暗中随意走动。

使用安全锤逃生。手持安全锤,以90度方向锤敲玻璃,如果是带胶层的玻璃,一般情况下不会一次性砸破,在砸碎第一层玻璃后,再向下拉一下,将夹胶膜拉破才行。如果手边没有安全锤,在紧急情况下,女士高跟鞋的鞋跟、钥匙尖等尖锐、坚固的物品都可以代替。万一砸不开车窗,可以寻找车体是否有断裂处,确定断裂处稳定的情况下从断裂处逃生。在出车体的时候应该注意下面的高度,如果过高一定不要急于跳车逃命,可用随身携带的衣服等带状物滑下车体。

(1)让火车迅速停下来

乘客首先要冷静,千万不能盲目跳车,那无疑等于自杀。使火车迅速停下是首要选择。失火时应迅速通知列车员停车

15

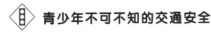 

灭火避难,或迅速冲到车厢两头的连接处,找到链式制动手柄并按顺时针方向用力旋转,使列车尽快停下来;或者是迅速冲到车厢两头的车门后侧并用力向下扳动紧急制动阀手柄,使列车尽快停下来。

(2)在乘务人员疏导下有序逃离

运行中的旅客列车发生火灾,列车乘务人员在引导被困人员通过各车厢互连通道逃离的同时,还应迅速扳下紧急制动闸,使列车停下来,并组织人力迅速将车门和车窗全部打开,帮助未逃离车厢的被困人员向外疏散。

当起火车厢内的火势不大时,列车乘务人员应告诉乘客不要开启车厢门窗,以免大量的新鲜空气进入后,加速火势的扩大蔓延。同时,组织乘客利用列车上灭火器材扑救火灾,还要有秩序地引导被困人员从车厢的前后门疏散到相邻的车厢。当车厢内浓烟弥漫时,要告诉被困人员采取低姿行走的方式逃离到车厢外或相邻的车厢。

(3)利用车厢前后门逃生

旅客列车每节车厢内都有一条长约 20 米、宽约 80 厘米的人行通道,车厢两头有通往相邻车厢的手动门或自动门,当某一节车厢内发生火灾时,这些通道是被困人员可利用的主要逃生通道。火灾时,被困人员应尽快利用车厢两头的通道,有秩序地逃离火灾现场。

(4)利用车厢的窗户逃生

旅客列车车厢内的窗户一般为 70 厘米×60 厘米,装有双层玻璃。在发生火灾情况下,被困人员可用坚硬的物品将窗户的玻璃砸破,通过窗户逃离火灾现场。

### 3.火车不同位置遇险时的自救

火车一旦失事,乘客在火车的各个不同位置应采取不同的预防和自救措施。

(1)在座厢时

如果火车发生倾斜、摇动、侧翻,而且如果有足够的反应时间,就应该平躺在地上,面朝下,手抱后脖颈。

在此时,快速的反应是要防范金属扭曲变形、箱包飞动、玻璃破损飞溅而受伤。你在人多的车厢里如何求生取决于你的反应。动作一定要快,必须马上反应。

背部朝火车引擎方向的乘客如果太晚接触地面,应该赶紧双手抱颈,然后抗住撞击力。

(2)在走道时

躺在地上,面部朝地,脚朝火车头的方向,双手抱在脑后,脚顶住任何坚实的东西,膝盖弯曲。

(3)在卫生间时

如果有时间反应,不要管屁股擦了没擦,裤子提起没有,也不要管手干了没有,赶快采取措施:坐在地上,背对着火车头的方向,膝盖弯曲,手放在脑后抱着。

(4)在列车外

如果有列车正接近撞击的车辆、被卡在铁轨里面的汽车或者发现一些捣乱的人在铁轨上放置破坏物的时候,你可以发信号让火车停下来。

如果附近没有红灯,也没有红色的旗帜,可接受的停车信号是面向来车,站在安全的地方双手伸过头顶交叉摇晃。夜晚时可在列车接近的时候狂乱挥动灯具(任何颜色)。

如果看见铁轨上有障碍物,应该立即通知铁路部门。如果你知道列车有可能马上通过(因为住在附近,或者听到远处有火车汽笛鸣叫),同时如果自己有可能移走这些东西,那就立即动手吧。

身处铁轨上时,你有可能会因为即将到来的列车而惊慌,但又不知道列车会走哪一股铁轨,而且你也没有任何可依赖的指示来判断列车会走哪股道。这时不要尝试躺倒在正在使用之中的铁轨之间的空地上,而应该卧倒在相邻两股轨道之间的空处。

(1)现在你为发生火车事故做好急救准备了吗?

(2)你能回答火车发生事故后应做哪些应急措施吗?

(3)请求急救医疗系统救援时我们需要交代哪些?

(4)你能复述进行列车座位处、卫生间、列车连接处等不同位置逃生的办法了吗?

(5)你能理智地处理列车发生火灾时该如何自救并帮助周围的人逃生吗?

逃生自救顺口溜　突发事故要冷静
秩序逃生最关键　人员之间互鼓励

坚持生存活下去　施救切记做保护
安抚伤员抢时间　先重后轻分缓急
止血包扎再固定　搬运伤员莫随意

# 三、轮船交通事故

　　不管是乘江轮还是乘海轮,乘船都给人轻松、休闲的印象,我们边乘船边欣赏江面上百舸争流和两岸绿树成荫的美景,但危险有时就在我们身边。2012 年 3 月 11 日广西桂平市浔江桂平羊栏滩水域"锐丰 329"货船在上航至离高压线底上约 50 米处时,发现"石咀客渡 035"船正在沿航道中间下航,"锐丰 329"当班驾驶员李某当即鸣笛,提示客渡船避让。货轮当时认为客渡船应避让自己,所以没有采取减速、停止前行等避让措施,仍按原航速、航向上航。直至在两船相距约 50 米时,货轮才发现对方没有任何避让反应,立即采取停船措施,并且全速倒船。但由于两船相距太近,货船停下后 10 秒～20 秒,客渡船的右舷中部与货船船头右角的锚头处发生碰撞,随后客渡船打横压在货船船头前,客渡船左舷受水流冲压倾斜,船头进水、船尾翘起,很快发生翻转、沉没,船上 48 人全部落水。

19

**轮船交通事故**

事故发生后,货船放下小船实施救人。有 4 艘过往船舶参与搜救落水人员,落水乘客也开展自救互救。村民黄某在船翻沉后,在水中紧紧抓住身旁一个 8 岁小孩的衣领将其救起;一位 78 岁的老人,救起了一位妇女;村民黎某救起了自己的儿媳和孙子两人;黎某也救起了同船落水的两位妇女。最后有 28 人获救,14 人死亡,6 人失踪。死亡、失踪人员多数为老人和儿童。

**互动讨论**

(1)当时驾驶员李某的做法正确吗?

(2)如果遇到这种情况,你们会像周边的村民一样勇敢地营救落水人员吗?

(3)如何具备营救落水人员的技能?

（4）如何准确无误地请求救援？

（5）如何对落水人员进行正确的人工呼吸？

（6）如何避免类似事故的发生？

 知识加油站

### 轮船有"刹车"吗？

如果你乘轮船，就会发现一个有趣的现象：当轮船要靠岸时，总是要把船头顶着水流，逆水靠岸。

这是因为轮船逆水靠近码头，就可以利用水流对船身的阻力，使轮船容易停靠，起到了一部分的"刹车"作用。另外，轮船上还装有"刹车"的设备和动力，例如：当轮船停靠码头或航行途中发生紧急情况需停止前进时，就可以抛锚，同时轮船的主机还可以利用倒车来使船"刹住"。这样，轮船也能"刹车"了。

21

 专家引路

客轮翻沉使乘客落水，最有效的办法就是抓住身边较轻的物体，保持自身不沉，同时救助身边的人。即使乘客沉入水中，如果能在短时间内救出，并进行及时的紧急抢救，乘客生还的机会还是很大的。

### 1.人工呼吸

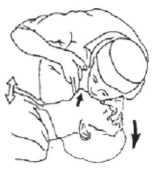

人工呼吸示意图

人工呼吸(CPR),用于自主呼吸停止时的一种急救方法。通过徒手或机械装置使空气有节律地进入肺内,然后利用胸廓和肺组织的弹性回缩力使进入肺内的气体呼出。如此周而复始以代替自主呼吸。

(1)原理

人的心脏和大脑需要不断地供给氧气。如果中断供氧3～4分钟就会造成不可逆性损害。所以在某些意外事故中,如发生触电、溺水、脑血管和心血管意外,一旦发现心跳呼吸停止,首要的抢救措施就是迅速进行人工呼吸和胸外心脏按压,以保持有效通气和血液循环,保证重要脏器的氧气供应。现场急救人工呼吸可采用口对口(鼻)方法,或使用简易呼吸囊。在医院内抢救呼吸骤停患者还可使用结构更复杂、功能更完善的呼吸机。

在常温下,人缺氧4～6分钟就会引起死亡。所以,必须争分夺秒地进行有效呼吸,以挽救其生命。

（2）适应症

窒息、煤气中毒、药物中毒、呼吸肌麻痹、溺水及触电等患者的急救。

（3）方法

人工呼吸是指用人为的方法,运用肺内压与大气压之间有压力差的原理,使呼吸骤停者获得被动式呼吸,获得氧气,排出二氧化碳,维持最基础的生命。人工呼吸方法很多,有口对口（鼻）吹气法、俯卧压背法、仰卧压胸法,但以口对口（鼻）吹气式人工呼吸最为方便和有效。

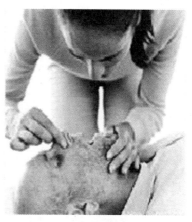

人工呼吸

### 2.口对口（鼻）吹气法

此法操作简便容易掌握,而且气体的交换量大,接近或等于正常人呼吸的气体量。对大人、小孩效果都很好。操作方法:(1)让病人仰卧,即胸腹朝天;(2)清理患者呼吸道,保持呼吸道清洁;(3)使患者头部尽量后仰,以保持呼吸道畅通;(4)救护人站在其头部的一侧,自己深吸一口气,对着病人的口（两嘴要对紧不要漏气）将气吹入,形成吸气。为使空气不从鼻孔漏出,此时可用一手将其鼻孔捏住,然后救护人嘴离开,将捏住的鼻孔放开,并用一手压其胸部,以帮助呼气。这样反复进行,每分钟进行 $14\sim16$ 次。如果病人口腔有严重外伤或牙关紧闭时,可对其鼻孔吹气（必须堵住口）即为口对鼻吹气。救护人吹气力量的大小,依病人的具体情况而定。一般以吹进气后,病人的胸廓稍微隆起为最合适。口对口之间,如果有纱布,则放一块叠二层厚的纱布,或一块一层的薄手帕,但注意,不要因此影响空气出入。

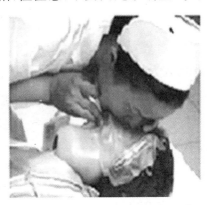

人工呼吸口对口吹气法

### 3.俯卧压背法

此法应用较普遍,但在人工呼吸中是一种较古老的方法。由于病人取俯卧位,舌头能略向外坠出,不会堵塞呼吸道,救护人不必专门来处理舌头,节省了时间(在极短时间内将舌头拉出并固定好并非易事),能及早进行人工呼吸。气体交换量小于口对口吹气法,但抢救成功率高于下面将要提到的几种人工呼吸法。目前,在抢救触电、溺水患者时,现场多用此法。但对于孕妇、胸背部有骨折者不宜采用此法。操作方法:(1)病人取俯卧位,即胸腹贴地,腹部可微微垫高,头偏向一侧,两臂伸过头,一臂枕于头下,另一臂向外伸开,以使胸廓扩张;(2)救护人面向其头,两腿屈膝跪地于病人大腿两旁,把两手平放在其背部肩胛骨下角(大约在第七对肋骨处)、脊柱骨左右,大拇指靠近脊柱骨,其余四指稍开微弯;(3)救护人俯身向前,慢慢用力向下压缩,用力的方向是向下、稍向前推压。当救护人的肩膀与病人肩膀将成一直线时,不再用力。在这个向下、向前推压的过程中,即将肺内的空气压出,形成呼气。然后慢慢放松回身,使外界空气进入肺内,形成吸气;(4)按上述动作,反复有节律地进行,每分钟14～16次。

### 4.单人操作复苏术

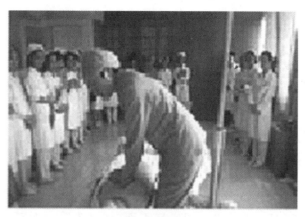

单人操作复苏术

当发现被救者的心跳、呼吸均已停止时,如果现场只有一人,此时应立即对被救者进行口对口人工呼吸和体外心脏按压。操作方法:(1)开放气道后,捏住被救者的鼻翼,用嘴巴包绕住被救者的嘴巴,连续吹气两次;(2)立即进行体外心脏按压15次,按压频率每分钟80～100次;(3)以后,每做15次心脏按压后,就连续吹气两次,反复交替进行。同时每隔5分钟检查一次心肺复苏效果,每次检查时心肺复苏术不得中断5秒以上。

### 5.仰卧压胸法

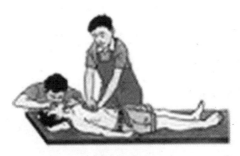

**仰卧压胸法**

此法便于观察病人的表情,而且气体交换量也接近于正常的呼吸量。但最大的缺点是,伤员的舌头由于仰卧而后坠,阻碍空气的出入。所以做本法时要将舌头按出。这种姿势,对于淹溺及胸部创伤、肋骨骨折伤员不宜使用。操作方法:(1)病人取仰卧位,背部可稍加垫,使胸部凸起;(2)救护人屈膝跪地于病人大腿两旁,把双手分别放于乳房下面(相当于第六七对肋骨处),大拇指向内,靠近胸骨下端,其余四指向外,放于胸廓肋骨之上。

(1)现在你为发生轮船事故做好急救准备了吗?

(2)你能回答轮船发生事故后应做哪些应急措施吗?

(3)请求急救医疗系统救援我们需要交代哪些?

(4)你能复述对落水人员进行人工呼吸的方法吗?

(5)你能理智地处理船舶发生倒船时该如何自救并帮助周围的人逃生吗?

# 2011 年重大沉船事故

●1 月 3 日,约 80 名来自非洲的偷渡者在也门西南海域的翻船事故中丧生。

●2 月 22 日,一艘载有索马里难民的船只在距离也门南部舍卜瓦省海岸约 4 海里处沉没,49 名索马里难民溺水身亡。

●4 月 6 日,一艘载有约 300 人的北非移民船在意大利南部海域发生海难,48 人获救,20 多人死亡,其余人员失踪。

●4 月 25 日,刚果(金)东部基伍湖发生一起翻船事故,造成 80 余人死亡。

●5 月 2 日,刚果(金)西开赛省开赛河发生翻船事故,导致 130 人死亡。

●5 月 8 日,一艘满载乘客的船只在多哥首都洛美以东约 40 公里处的多哥湖上遭遇暴风雨沉没,造成至少 36 人死亡。

●5 月 20 日,越南平阳省境内西贡河发生沉船事故,造成 16 人遇难,其中包括 4 名中国人。

●7 月 5 日,一艘从苏丹前往沙特阿拉伯的偷渡船在红海的苏丹领海起火,船上 197 名乘客死亡,3 人获救。

坦桑尼亚沉船事故

●9月10日，坦桑尼亚境内，一艘从桑给巴尔岛驶往40千米以外的奔巴岛的渡轮倾覆并沉没，造成约200人遇难。

28

# 四、行人交通事故

安全事故

2012年11月29日凌晨2点49分左右，高师傅驾车在慈溪城区沿青少年宫路由北往南行驶至城东菜场处时，突然发现前方有一静止的异物，虽然高师傅采取紧急刹车措施，但还是撞上了，下车一看竟是个人，高师傅随即报警。到达现场的交警经过仔细检查后认为,这并非一起简单的交通事故,受害者王某可能是被高师傅撞到前就倒在地下了。通过调查事发地及周边道路监控,交警很快锁定一辆黑色丰田轿车,车主是周巷镇的宋先生,监控视频显示当时车子沿青少年官路由北往南快速行驶撞到一名行人后逃逸。交警赶到周巷镇肇事嫌疑者家里。在宋先生家门前果然停着这辆轿车,挡风玻璃呈蜘蛛网状深深凹陷,前保险杠断裂,与警方查证相吻合。经调查,当晚驾车肇事逃逸的是宋先生的儿子小宋。小宋并没有驾驶证,他交代,事发当天,趁父母不在家,从家中偷取一把轿车钥匙,约上朋友去城区玩。由于雨天晚间,车内雾气弥漫,视线模糊,快速行驶中听到"嘭"的一声,撞到一名行人。小宋无证驾驶怕被交警处罚,所以既没有报警也没有保护现场,而是驾车逃逸。

29

### 互动讨论

(1)如果你遇到这样的行人交通事故该怎么办?

(2)如何准确无误地请求救援?

(3)如何确认王某已经死亡?

(4)如何看待小宋的逃逸行为?

### 知识加油站

#### 死亡的标志

过去人们习惯把呼吸、心脏功能的永久性停止作为死亡标志。但由于医疗技术的进步，心肺复苏术的普及，一些新问题产生了，它们冲击着人们对死亡的认识。全脑功能停止，患者脑死亡，自发呼吸停止后，仍能靠人工呼吸等措施在一定时间内维持全身的血液循环和除脑以外的各器官的机能活动。这就出现了"活的躯体，死的脑"这种反常现象。众所周知，脑是机体的统帅，是人类生存不可缺少的器官。一旦脑的功能永久性停止，个体的一生也就终结。这就产生了关于"死亡"概念更新的问题。"脑死亡"的概念逐渐被人们所接受。

医学界把脑干死亡12小时判断为死亡，因为完整中枢神经系统目前尚无法移植。

专家引路

《交通事故处理程序规定》（以下简称《程序规定》）第四十五条第一款第一项规定：当事人逃逸造成现场变动、证据灭失，公安机关交通管理部门无法查证交通事故事实的，逃逸的当事人承担全部责任。该原则规定认定事故责任应从主观、客观两个方面考虑，即客观行为对发生事故所起作用和当事人主观上的过错程度。同时从《程序规定》第四十五条规定，道路交通事故责任的认定原则适用过错责任原则，即有过错有责任，无过错无责任，仅一方有过错则一方负全责，因两方或两方以上当事人过错发生交通事故的，根据其行为的客观作用和主观过错程度，分别承担相应的主责、同责和次责。

（1）对交通事故逃逸行为性质的正确认定。交通事故逃逸行为是当事人在发生交通事故后出于逃避法律责任、避免受到受害人家属殴打、恐慌等主观心理而驾车或弃车逃离现场,逃逸行为客观上表现为事故发生后驾车或弃车逃离现场,主观上表现为逃避法律追究、避免受到攻击、恐慌等心态。

(2)《刑法》第一百三十三条规定:因违反交通运输管理法规,而发生重大事故,致人重伤、死亡或使公私财产遭受重大损失的,处三年以下有期徒刑或拘役;交通运输肇事后逃逸或有其他特别恶劣情节,处三年以上七年以下有期徒刑;因逃逸致人死亡的,处七年以上有期徒刑。

(3)有期徒刑三年,缓刑四年的法律解释:就是有期徒刑是三年但是不立即收监执行刑期,而是在监外执行,缓刑的这四年期限作为考验期,如果在缓刑期的这四年里没有故意犯罪,则原判刑罚的有期徒刑三年不再执行,如果有故意犯罪的情况撤销缓刑,收监执行,并把原来的三年有期徒刑和后犯罪所应受的刑罚一并执行。

(4)庭外和解:在判决前双方随时可以和解,和解后一般都要撤诉,也可以在法院主持下达成调解。庭外和解以不违反国家相关法规为前提,关键是双方协商一致,双方自行达成和解方案。

(5)法庭调解:是在法庭的主持下根据案件审理的实际情况,对于有可能通过调解解决的民事案件,人民法院应当调解。法庭调解是审理民事案件(适用特别程序、督促程序、公示催告程序、破产还债程序的案件,婚姻关系、身份关系确认案件以及其他依案件性质不能进行调解的民事案件除外)的一项制度。

（6）车祸致命部位的急救。

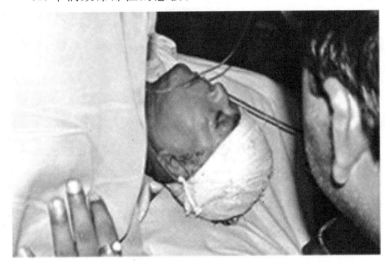

车祸致命部位急救

头部：保护人体"司令部"。在交通事故死亡者中，头部外伤占半数以上，60%～70%死于伤后 24 小时以内。如能掌握一定的急救知识，就很有可能使受伤者转危为安。

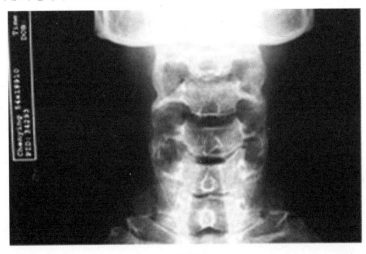

头部保护

颈部:颈椎错位最伤身。车祸中,副驾驶座位上的乘员容易发生颈部损伤。如果感觉自己的颈椎或腰椎受到了冲击,应坚持请专业医护人员搬动,否则很有可能瘫痪。

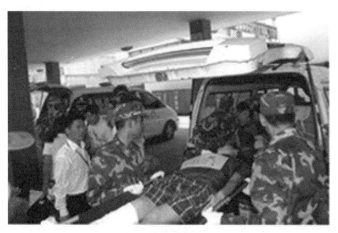

颈椎保护

33

胸部:人不能没有呼吸。胸部损伤是以直接暴力撞击胸部,造成胸部开放伤和闭合伤。其中多见于肋骨折、气胸和血胸等。心脏区有外伤时,要注意心包出血。

胸部保护

腹部:内伤最危险。若伤者肠子外露时,不要把肠子送回腹腔,应将上面的泥土等用清水冲洗干净,再用干净的碗盆扣住或用干净布、手巾覆盖,并速请大夫来急救。

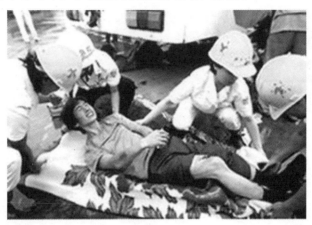

**腹部保护**

34

车祸发生时,面对突发的各种病症,应及时冷静地处理,如大出血如果不马上救治,大多数会导致失血性休克,最后死亡。所以在外伤大量出血时首先就是要进行止血,但对于野外游玩的人来说往往这时显得手忙脚乱。

（1）现在你为发生行人交通事故做好急救准备了吗?

（2）请求急救医疗系统救援我们需要交代哪些问题?

（3）你能复述进行伤患急救时的基本常识吗?

（4）你能理智地处理行车中的突发事件吗?

（5）当你周围有人肇事后逃逸你能做什么?

小贴士

　　我们从一份最新公布的《道路交通事故统计年报》中发现，近年来，我国行人因交通意外死亡的人数占 26％左右，北京、广州、杭州等城市，行人死亡已占到近 4 成。欧盟对道路交通事故分析显示，行人死亡数据是车内乘员的 9 倍。

　　行人，其实是交通参与者中的弱势群体，最容易受到伤害。据世界卫生组织统计，每年全球约有 120 万人死于道路交通事故，其中 46％为步行者、骑自行车者或者两轮机动车使用者，这一比例在一些低收入和中等收入国家会更高。中国道路交通情况复杂，人、车并行情况多，是世界上典型的以混合交通为主的国家，道路交通伤害中死亡人数居世界前列。

**行人车辆混杂**

据《中华人民共和国道路交通事故统计年报（2007 年度）》

35

数据显示,2007 年行人因交通意外死亡的人数为 21,106 人,占全部交通死亡人数的 25.85％。这数据从 1998 年的《中华人民共和国道路交通事故统计年报》以来到现在数据没有低于 2 万。如何提高汽车的行人保护性能、降低行人伤亡率在中国显得尤为重要、紧迫。

为了减少交通事故中行人伤亡,一些国家和地区对车辆的行人保护性能提出了要求。上世纪 60 年代,美国最先提出行人保护概念,但是由于当时缺乏相应的测试手段,所以相关的法规无法建立。1994 年首个行人保护的试验方法及碰撞模拟器在欧洲推出,即 EEVCWG10,这种以人体不同部位的模拟器撞击车辆不同部位的试验方法一直沿用至今,并成为国际认可的法规试验。

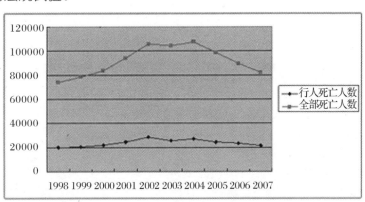

1998年至2007年中国交通死亡人数统计（单位：人）

**交通死亡人数统计表**

# 第二篇
# 事故原因大搜索
## ——常见的交通肇事原因

今天，我们每个人每天都在以不同形式参与交通活动。人、车、路、环境和交通管理构成了道路交通的一个大的系统。道路交通的安全与否，取决于这个大系统的各个环节是否连续地协调工作。现在，我们从人、车、路等方面来了解交通事故的原因及处理办法吧。

# 一、公共汽车交通意外解析

**安全事故**

　　某日上午 7 时许,小明乘坐一辆公共巴士去上学,途中发生交通意外,事故造成车上 21 人受伤。据悉,肇事巴士驶过一段水务署工程地段时,撞到一块用来遮盖地坑的钢板,钢板击中车身致使车辆漏出机油。司机紧急刹停巴士,导致车上至少 21 人受伤,其中多人为轻伤。小明胳膊也擦破了皮,在进行简单的包扎之后,小明和大家帮助受伤严重的人止血,并拨打 120 电话求救。但是由于巴士漏油,引起了火灾,而很多人还在车内,情况非常危险。好在急救中心的人员及时赶到现场帮助大家脱离了危险。

**互动讨论**

　　(1)当时小明的做法正确吗?

　　(2)如果遇到公共巴士发生交通事故,大量人员受伤的情况下,你应该怎么做呢?

　　(3)如何准确无误地请求救援?

　　(4)怎样引导大家脱离危险?

　　(5)如遇汽车起火应怎么办?

知识加油站

公共交通意外是指在公共交通工具(如公交车、地铁、飞机等)上的乘客发生意外伤害的行为,据全国交通死亡事故情况分析表显示,公共交通因载客量大,交通工具庞大等特点,一般每次造成的人员伤亡数量相对较多,是每年交通事故中受伤率最大的一项。

那么汽车起火又是怎么引起的呢?汽车着火起码要有以下两个条件:一是易燃品;二是火源。易燃品主要是指汽油,火源是指火柴、打火机、烤车喷灯、划火试电的火花、

巴士起火

短压电缸外跳火、烧缸的高压线、高温排气管、分电器、调节器、喇叭继电器灯产生的火花。另外,发动机、起动机整流子与电刷之间的摩擦也会引起火花,还有一些汽车部件产生故障,也会产生火源,如点火线圈、高压线、分电器盖等发生故障后很可

能产生火源。同时线路的短路、线头的松动、化油器回火也是汽车着火的火源。其实这些火源大都是可以预防的,只要司机平时谨慎小心,勤检查维修车辆,使之不漏油,不漏电,一般车辆是不会发生火灾的。

**1.快速下车**

当遇到公共交通事故时,汽车停稳后,应快速离开事故地点,避免汽车由于漏油等因素引起火灾而危害个人。

**2.简单急救**

保持冷静,忙而不乱,有效地指挥现场急救。分清轻重缓急,分别对伤员进行救护和转送。怀疑有骨折,尤其是脊椎骨折的,不应让伤员行走,以免加重损伤。脊椎骨折伤员一定要用木板搬运,不能用帆布等软担架搬运,防止脊髓损伤加重。

**3.扑灭火灾**

当汽车发动机发生火灾时,应迅速停车,让乘车人员打开车门自行下车,然后切断电源,取下随车灭火器,对准着火部位的火焰正面猛喷,扑灭火焰。当汽车在加油过程中发生火灾时,不要惊慌,要立即停止加油,迅速将车开出加油站(库),用随车灭火器或加油站的灭火器以及衣服等将油箱上的火焰扑灭,如果地面有流散的燃料时,应用库区灭火器或沙土将地面火扑灭。当汽车在修理过程中发生火灾时,修理人员应迅速上车或钻出地沟,迅速切断电源,用灭火器或其他灭火器材扑灭火焰。当汽车被撞后发生火灾时,由于车辆零部件损坏,乘车人员伤亡比较严重,首要任务是设法救人。如果车门没有损坏,应打开车门让乘车人员逃出,同时可利用扩张器、切割器、千斤顶、消防斧等工具配合消防队救人灭火。当停车场发生火灾时,一般应视着火车辆位置,采取扑救措施和疏散措施。如果着火汽车在停车场中间,应在扑救火灾的同时,组织人员疏散周围停放的车辆。如果着火汽车在停车场的一边时,应在扑救火灾的同时,组织疏散相连的车辆。当公共汽车发生火灾时,由于车上人多,要特别冷静果断,首先应考虑到救人和报警,视着火的具体部位而确定逃生和扑救方法。如果着火的部位是公共汽车的发动机,应开启所有车门让乘客下车后,再组织扑救火灾。如果着火部位在汽车中间,应先开启车门,让乘客从两头车门下车后,驾驶员和乘车人员再扑救火灾、控制火势。如果车上线路被烧坏,车门开启不了,乘客可从就近的窗户下车。

如果火焰封住了车门,车窗因人多不易下去,可用衣物蒙住头从车

公共汽车灭火

门处冲出去。当驾驶员和乘车人员衣服被火烧着时,若时间允许,可以迅速脱下衣服,用脚将衣服的火踩灭;如果来不及,乘客之间可以用衣物拍打或用衣物覆盖火势以窒息灭火或就地打滚,滚灭衣物上的火焰。

（1）现在你应该不会为在乘坐公共汽车过程中发生交通事故发愁了吧?

（2）你能回答汽车起火事故处理的步骤了吗?

（3）有哪些方法来进行灭火呢?

（4）发生公共交通事故急救时,脊椎骨折患者是不能用软担架移动的,这点你知道了吗?

### 1.交通事故中人的原因

（1）驾驶员的原因

道路交通事故中,由于驾驶员原因造成的交通事故所占比例很大。1988～1992 年全国道路交通死亡事故情况分析表显示,由于驾驶员的过错造成死亡人数约占全部死亡人数的 60% 以上,加上无证驾驶的约达到 70%。从造成事故的违章行为作用来看,由大到小排列是:超速行驶、违章操作、违章超车、逆道行驶、违章装载、酒后驾车。这些违章行为反映了驾驶员法制观念淡薄，没有严格遵守交通法规。

（2）骑车人的原因

自行车交通是我国交通的特色。据统计，我国现有非机动车大约 3 亿辆，在交通死亡事故中，因骑车人原因造成的死亡人数占全部死亡人数的 13％。骑车人违章发生交通事故主要表现在机动车道内行驶、猛拐和抢行。

（3）行人的原因

据全国交通死亡事故情况分析表显示，因行人过失造成的死亡人数占全部死亡人数的 12％。行人违章发生交通事故主要表现在不走人行道、无视交通信号和交通警察指挥横穿马路。

（4）乘车人的原因

乘车人违章导致交通事故主要表现在将身体伸到车外以及车辆没有停稳就上、下车。

### 2.公交车内一些应急设施的使用方法

救生锤：发生事故后，可以直接用救生锤敲破车窗逃生。在车上，有"安全出口"明显标识的车窗玻璃，用救生锤可以很轻易地敲碎，其他没有标识的玻璃比较难敲碎。

车顶气窗：一般公交车都有两至三个气窗。万一发生情况，可将扳手旋转 90 度后，将气窗用力向上顶起，从而逃生。

应急开关：公交车在车内和车外还设有另外的应急开关，这个开关即使在车辆熄火之后，用外力也能打开。其中，车内的应急开关一般设在前门或者后门的踏步旁，也有些会设置在门楣上；车外的应急开关一般设置在前后门的旁边。这些应急

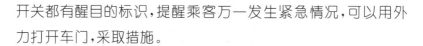

开关都有醒目的标识,提醒乘客万一发生紧急情况,可以用外力打开车门,采取措施。

**3.公交车自燃的逃生方法**

冷静面对火灾:寻找最近的出路,比如门、窗等,找到出路立即以最快速度离开车厢。如果乘坐的公交车是封闭式的车厢,在火灾发生的时候可以使用车载救生锤迅速破窗逃生。如果没有找到救生锤,可以利用一切硬物来砸碎车窗玻璃逃生。

司乘人员要疏散:应该将车辆驶往人烟稀少的位置,将乘客迅速疏散至安全地点。如果公交车是在加油站等容易发生爆炸的场所起火,应该立即将车驶离。

利用车载灭火器:当公交车起火时,司乘人员应该立即使用车载灭火器(一般在驾驶员座位旁)将火扑灭。

身上着火就地打滚:可就地打滚,将火压灭。发现他人身上的衣服着火时,可以脱下自己的衣服或用其他布物,将他人身上的火捂灭。

遇公共汽车自燃时,司机应保持冷静,立即关闭电源,开启车前后门,帮助乘客逃生,并及时报警。若公车线路被烧坏,车门开启不了,乘客可从窗户下车。乘客逃生时尽量有秩序,老人、小孩、孕妇优先,应避免拥挤造成的踩踏,造成不必要的伤害。在消防人员到来之前,若火势还不大时,司机可先用灭火器给油箱和燃烧部位降温灭火,避免爆炸。明火被扑灭后,要等车辆降温后再行检查,以免二次着火。

# 二、私家车辆意外

安全事故

小杨和家人外出游玩,当车行驶在高速路某个地方时,发现路边的围栏被撞开了,一辆小汽车冲入了路边的田里,车里一男一女两人倒在血泊中。小杨爸爸把车靠路边停稳后,赶忙下车查看情况,发现小汽车已经被撞得面目全非,男司机倒在方向盘上,头上留着血,昏迷不醒,旁边女人的头碰撞在挡风玻璃上,也是头破血流。庆幸的是两人都还活着,小杨按住伤者不断往外冒的鲜血,在爸爸的帮助下将两人从车内抬出来,放在路上,并拨打120急救中心的电话,同时拨打122事故处理中心的电话,等待救援,等救援队来了之后才离开。在将两人抬出车外时,小杨发现,两人都没有系安全带。

私家车高速路事故

**互动讨论**

(1)高速行驶时需要系安全带吗？

(2)高速交通事故应该怎么处理呢？

(3)小杨的止血方法正确吗？

(4)小杨没有弄清两人的情况，就匆忙将其抬出车，这种做法对吗？为什么？

**知识加油站**

47

### 1.高速公路行驶规则

不准倒车、逆行；

不准穿越中央分隔带掉头或者转弯；

不准进行试车和学习驾驶机动车；

不准在匝道、加速车道或者减速车道上超车、停车；

不准骑、压车道分界线行驶和在超车道上连续行驶；

不准右侧超车；

除遇障碍、发生故障等必须停车的情况外不准随意停车、停车上下人员或者装卸货物；

除因停车驶入或者驶出紧急停车带和路肩外不准在紧急停车带和路肩上行车。

### 2.创伤出血后的几种紧急止血方法

(1)小伤口止血法:只需用清洁水或生理盐水冲洗干净,盖上消毒纱布、棉垫,再用绷带加压缠绕即可。在紧急情况下,任何清洁而合适的东西都可临时借用做止血包扎,如手帕、毛巾、布条等,将血止住后送医院处理伤口。

(2)静脉出血止血法:除上述包扎止血方法外,还需压迫伤口止血。用手或其他物体在包扎伤口上方的敷料上施以压力,使血管压扁,血流变慢,血凝块易于形成。这种压力必须持续5~15分钟才可奏效。较深的部位如腋下、大腿根部可将纱布填塞进伤口再加压包扎。将受伤部位抬高也有利静脉出血的止血。

(3)动脉出血指压法:方便及时,但需位置准确。用手指压迫出血部位的上方,用力压住血管,阻止血流。经过指压20~30分钟出血不停止,就应改用止血带止血法或其他方法止血。

(4)动脉出血止血带止血法:适用于四肢大出血的急救。这种方法止血最有效,但容易损伤肢体,影响后期修复。方法是,上止血带前抬高患肢12分钟,在出血部位的上方,如上臂或大腿的上1/3处,先用毛巾或棉垫包扎皮肤,然后将止血带拉长拉紧缠绕在毛巾等物外面,不可过紧也不可过松,最多绕两圈,以出血停止为宜。止血带最好用有弹性的橡胶管。严禁使用铁丝、电线等代做止血带。上好止血带,在上面做明显的标记,写明上止血带的时间,每30~50分钟放松一次止血带,每次2~5分钟,此时用局部压迫法止血,再次结扎止血带的部位应上下稍加移动,减少皮肤损伤。放松止血带时应注意观察出血情况,如出血不多,可改用其他方法止血,以免压迫血管时间过长,造成肢体坏死。支脉出血经初步止血后必须尽快送医院手术治疗。

### 高速公路交通事故处理方法

随着道路上的私家车越来越多,在日常的生活中,难免会遇到形形色色的交通事故,其中不乏因缺乏安全意识而造成严重事故后果的案例。下面,从以下几点来谈一谈高速公路行车的安全注意事项,希望能对司乘朋友的行车安全有所帮助:

#### 1.安全带保安全

这是一个老生常谈的问题,也是一个很多司乘朋友很不以为然的问题。诚然,在城市道路上,系安全带的作用大部分是应付交警,实际作用并不大。而在高速公路上,系与不系安全带却会在事故后果中产生天壤之别。我出现场的 2007 年度的事故中,至少有两起小车单方造成的死亡事故都是没有系安全带引起的。其中一起是辆帕萨特自翻,车上只有司机一人,如果他系上安全带的话,我个人认为最多是轻伤,法医鉴定为颈椎骨折致死,全是翻车时身体不受限制运动造成;第二起也是小车单方在高速行驶时前轮爆胎造成车辆失控多次撞击道路护栏,共有司乘两人,司机系了安全带毫发无伤,而副驾驶上的乘客因为没系安全带,且在放倒的座位上斜躺着休息,结果在车辆失控时从后挡风玻璃处被甩出车外致死。

49

汽车安全带

## 2.爆胎时的操控处理

50

　　刚才提到了车辆爆胎,在高速行驶时小车爆胎尤其是前轮爆胎造成的后果远比大车爆胎严重,爆胎虽然不可预料,但在我们的事故处理中常常发现一个有趣的现象:如果是左前轮爆胎造成车辆失控撞击护栏,撞的往往是右侧护栏,反之亦然。究其原因,在车辆爆胎时因胎径及摩擦系数的不同,车辆的运行轨迹将偏向爆胎的方向,爆左前轮向左偏,爆右前轮向右偏,而司机在打方向盘纠正时,指向性能反映在已爆胎的车辆上是有一个迟缓性的,加之因爆胎造成的慌乱,常常造成纠正过度,从而人为加剧车辆的失控,致使左前轮爆胎反而撞上了右边护栏,甚至造成连续多次撞击左右护栏的现象发生。正确的做法是在车辆爆胎时,首先要紧握方向盘,不管车头向哪边偏,给一个固定的纠正角度(与你的实际车速有关)并用力保持,同时不要采取紧急刹车,因为这时车辆的制动能力在纵线上是不平衡的,让减速行为掌握在受控制的过程中并努力保持原来的行车轨迹,切忌急打方向盘纠正。

### 3.超速行驶

超速行驶的危害大家都知道,无论是普通公路上还是高速路上,都会造成不可挽回的后果。如果你驾驶一辆时速 100km (62mile)的小车,假设你身高 170cm,从你眼睛发现情况,到大脑做出判断,再反映在刹车制动,生理上的反应时间是 1.7s 左右,而这时你的车辆已经前行了 47.2m。40 米的距离也许会发生很多事故。中国最高等级的高速公路限高速是 120km/h (75miles/hour),这是写在安全法里的法定最高时速。据国外资料,如果一辆时速超过 160km 的小车发生爆胎事故,不管你是否系安全带,司乘人员的死亡率是 100%!

### 4.行车前的安全检查

除了出行前检查轮胎,还有机油问题、润滑油问题、降温液问题,甚至雨刮和玻璃水也要仔细检查。小鹏的叔叔是位警察,一天在处理完交通事故返程时发现雨刮坏了,而且正好是左雨刮(驾驶员侧的雨刮),那天又正好是雨夹雪,可想而知他叔叔那几十公里的路是怎么走的!这是高速公路,前不着村后不着店的,幸亏是警车又熟悉路况,打着双闪和警灯就这样歪着脖子开车坚持下了路,幸亏路上没出交通意外。回到家后检查车辆,原来是雨刮连杆掉了一个螺丝,一毛钱都不到的维修成本造成了多大的麻烦和隐患!

### 5.高速公路的标线、标牌和警告

相信很多经常上高速的司机朋友都会发现高速路沿线不

时会有这样那样的警告标语和警示灯,每个"事故多发路段,请谨慎驾驶"的标语和这样那样不起眼的小黄灯、小蓝灯后面都是血淋淋的教训。这些东西的设置绝不是随心和随意的,没有十几条、几十条人命和规律性的大事故发生,警察是不会费那个周折的。当你在路上见到类似的警告标志时,一定要有意识地降低车速并保持车距,同时做好应对紧急情况的准备,毕竟,距离产生美,这点用在安全行车上很有好处。

### 6.尽量避免夜间行车

在我国目前的现实里,这是一个全国普遍的规律:夜间行车的大货车数量要远远多于白天在路上跑的。由于

夜间行车

白天要装卸货物、维修车辆、办事找人,而且最重要的是路政和交警白天都在路上值勤,晚上行车麻烦更少,这就造成晚上是各种事故的高发时段,作为小车的司乘人员,在晚上行车,车流量大、密度高行车还是其次,重要的是忙了一天的大车司机大部分涉嫌疲劳驾驶,更有证驾不符、违法驾驶等行为,这给行车

造成了更大的安全隐患。而且大车的座位较高,高速公路的中央隔离带根本挡不住对面射过来的一串车灯,大车司机几乎是在半眩目的状态下开车,你愿意一路上和这样的司机们一同驰骋吗?

### 7.超车时多用闪灯提醒

高速公路行车速度快,噪音大,你的车喇叭声音前车根本听不到,超车时多切换远近闪灯提醒一下对方更有用;而且,当你发现行车道内有两辆以上大货车前后距离比较近时,超车时你就要提防后面的大车突然变道超车,那时如果你正好跑到它旁边,那可就真要听天由命了,相信我,那些变道超车的大货车在变道前能有一半在观后镜里看一眼的就算不错了,更何况你是小车,不容易被发现且车速更快。

### 8.非紧急情况不要占用紧急停车道

紧急停车道,顾名思义是在紧急情况下才能使用的车道。警察出现场发生堵路时最头疼的就是小车占用紧急停车道,造成警察无法及时到达现场。每个车上的乘客都要想想,既然已经堵路,在交警没有到达现场前,你能插上翅膀飞过去吗?七、八十吨连车带货翻在路面,没有吊车、施救车,现场路面能通行吗?你堵的既是交警,其实堵的也是你自己!从某种意义上说,可能因为你占用紧急停车道而使救护、救援车辆不能及时到达现场而间接造成他人死亡!根据我国的安全法实施条例第八十二条第四款规定,对非紧急情况下占用紧急停车道的行为处罚金 200 元,并处扣六分!

**我来体验**

(1)不管是你在乘车或开车的过程中遇到同样的问题,现在你应该不会不知道怎么处理交通事故了吧?

(2)你会紧急止血吗?

(3)高速路行驶应注意什么呢?

(4)高速路行驶,很多是不能做的,你知道哪些行为是禁止的吗?

**小贴士**

54

在中国,私家车拥有量呈迅猛增长之势,私家车发生的道路交通事故也逐年上升。

在每年的交通事故中,私家车引发的交通事故占事故总数80%以上。私家车驾驶人交通安全意识不强,交通违法行为频现,成为交通事故多发的主要原因。据交警统计,驾龄在3年以内的新驾驶人肇事数占驾驶人肇事总数的4成以上,造成死亡数接近总数的一半,成为交通事故高发人群。大部分私家车驾驶人通常不是专职驾驶员,相当一部分是新手上路,驾车技术不佳,又无实际驾车经验,路况不熟,人多车挤,在处理交通突发情况时,因其驾驶经验不足,再加上心理紧张,通常不能正确判断和处理,所以容易导致交通事故的发生。

(1)行驶中发生故障:车辆在高速公路上行驶,一旦发生故障,应立即打开右转向灯,进入紧急停车带或路肩,同时松开加速踏板,使车辆逐渐减速并停车。不得在行车道上使用制动减速,不允许将车停在行车道上排除故障。停车排除故障时,应打开危险信号灯,并在车后的150m以外处放危险标志,夜间须打开示宽灯和尾灯,打紧急报警电话通知高速公路管理部门处理。

(2)故障排除重新起步时,打开左转向灯,在路肩上提高车速,待本车车速与车流速度相适应后,看清车流情况,适时进入车道。

(3)遇到恶劣气候:恶劣气候如雨、雾、雪、大风等,高速公路通常会被关闭,严禁驶入。若在行驶中遇到恶劣天气,要立即减慢车速或停车,打开小灯、闪光警告灯或雾灯,待天气有所好转后再继续行驶。

# 三、摩托车、电动车、自行车意外

安全事故

2012年春节,小明和父母回姥姥家过年,姥姥住在农村,车要经过很长的一段山路才能到姥姥家。当车经过一个拐弯处的时候,小明发现有很多人围观,爸爸把车停下,小明迅速钻进人群,发现原来是一辆没有牌照的摩托车和一辆货车相撞,摩托车倒在路旁的水沟里,旁边还躺着三个人,一个是司机,另外两个是乘客。农村山路太窄,而且崎岖难走,应该是摩托车在拐弯的时候,转弯角度太小,所以和大货车相撞了。而在场的这么多人,除了那个和摩托车相撞的汽车司机下车来帮助,其他人都在旁边观望。小明和爸爸立即报警,然后帮助受伤人员止血,并带领大家将受损的摩托车挪开,将交通恢复畅通。

摩托车交通事故

 互动讨论

(1)农村交通道路知识你知道多少呢?

(2)摩托车能载乘客的数量是2位吗?

(3)小明和爸爸没有保护交通事故现场,就将摩托车挪开这种做法对吗?

(4)如果是你,你是选择继续观望,还是带领大家上去帮助呢?

(5)摩托车需要有牌照吗?

知识加油站

# 机动车和非机动车的交通规则

机动车是指各种汽车、电车、电瓶车、摩托车、拖拉机、轮式专用机械车；非机动车是指自行车、三轮车、人力车、畜力车、残疾人专用车。

《道路交通管理条例》第七条　车辆和行人必须各行其道。借道通行的车辆或行人，应当让在其本道内行驶的车辆或行人优先通行。遇到本条例没有规定的情况，车辆和行人必须在确保安全的原则下通行。

第十五条　车辆、行人必须遵守交通标志和交通标线的规定。

第十六条　车辆和行人遇有灯光信号、交通标志或交通标线与交通警察的指挥不一致时，服从交通警察的指挥。

第三十二条　二轮、侧三轮摩托车后座不准附载不满十二岁的儿童。轻便摩托车不准载人。

第六十三条　行人必须遵守下列规定：

（一）须在人行道内行走，没有人行道的靠路边行走；

（二）横过车行道，须走人行横道。通过有交通信号控制的人行横道，须遵守信号的规定；通过没有交通信号控制的人行横道，须注意车辆，不准追逐、猛跑；没有人行横道的，须直行通过，不准在车辆临近时突然横穿；有人行过街天桥或地道的，须走人行过街天桥或地道；

（三）不准穿越、倚坐人行道、车行道和铁路道口护栏；

（四）不准在道路上扒车、追车、强行拦车或抛物击车；

（五）学龄前儿童在街道或公路上行走，须有成年人带领；

（六）通过铁路道口，须遵守本条例第四十四条（一）（二）（三）项的规定。

第六十四条 列队通过道路时，每横列不准超过二人。儿童的队列须在人行道上行进，成年人的队列可以紧靠车行道右边行进。列队横过车行道时，须从人行横道迅速通过；没有人行横道的，须直行通过；长列队伍在必要时，可以暂时中断通过。

第六十五条 乘车人必须遵守下列规定：（一）乘坐公共汽车、电车和长途汽车须在站台或指定地点依次候车，待车停稳后，先下后上；（二）不准在车行道上招呼出租汽车；（三）不准携带易燃、易爆等危险物品乘坐公共汽车、电车、出租汽车和长途汽车；（四）机动车行驶中，不准将身体任何部分伸出车外，不准跳车；（五）乘坐货运机动车时，不准站立，不准坐在车厢栏板上。

 专家引路

**1.农村摩托车交通事故多发原因分析及预防措施**

近年来，随着城乡经济的不断发展，人们生活水平有了很大的提高，生活节奏加快，时间效率观念增强，便捷、快速、灵活、物美价廉的摩托车，愈来愈成为人们的宠儿，特别是在农

村,摩托车已成为家庭出行必备的交通工具,农村摩托车拥有量逐年攀升。但是,摩托车在给我们生活带来便利的同时,却存在着一些令人堪忧的事故隐患,据近年来交通事故统计数据表明,摩托车事故发生数随着其保有量的增加,呈逐年剧增势头,为现代交通带来了严重的不和谐因素。

究其事故发生的原因,主要是由于摩托车驾驶员违章违法行为造成的。因无证驾驶、酒后驾车、超速行驶、不戴安全头盔这四种违法行为而肇事占了摩托车事故的大多数。2007 年 8 月 20 日,某市张火公路平安驾校路段发生摩托车与货车追尾相撞的特大事故,两女一男命丧黄泉,其主要原因为酒后驾车、超速、超员行驶和不戴安全头盔。

农村摩托车超载现象

(1)无证驾驶

无证开车,无牌证上路行驶,是交通安全的一大隐患。据统计,摩托车交通事故中 90% 以上都是无牌无证的。目前,在偏远地区、农村无证驾驶摩托车,购买摩托车不挂牌入户已经

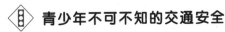 

是司空见惯的事了。在各地农村,这些人可以说是比比皆是,他们对持证驾驶和车辆入户的重要性和必要性的认识不足,不积极参加学习培训,只要车子买回家,立马就上路,有的人甚至存在着"我买的摩托车我骑的马,办牌办证有必要吗"的思想,这些人不懂基本的交通法规和安全常识,交通安全法律意识十分淡薄,驾驶技术生疏,无视法律法规,驾车行驶在随时都可能遇险的公路上,构成了很大的事故隐患。

(2)酒后驾驶

人饮酒后,由于体内酒精作用使大脑反应迟钝,从而影响了人的视野和判断能力。特别是酒后开摩托车,摇摇摆摆、跌跌撞撞,加上摩托车稳定性差,很容易造成驾驶员的反应时间延长,甚至产生错误反应,使许多本可避免的事故因采取措施不当而发生。据有关权威部门对酒后开车进行分析,发现饮酒后 30 分钟到 60 分钟以内肇事约占 60%。因此,酒后驾驶机动车是交通安全的大敌。

(3)超速行驶

超速行驶的摩托车最易因紧急刹车侧翻而酿成车祸。驾驶员交通安全意识差,心存侥幸,为了尽快到达目的地,不顾一切地飞速行驶、超速行驶,扩大了非安全距离,不但影响了车辆的安全性,而且影响了制动效果,遇到紧急情况,往往由于车速太快,来不及反应和采取相应的措施而酿成惨祸。还有一些年轻人一味模仿电影电视里赛车、飚车,岂不知生活不是电影,因此,往往出现相撞、翻车事故。

(4)不戴安全头盔

骑摩托车戴安全头盔对保护驾驶员的生命有非常重要的

作用。骑摩托车要戴安全头盔,虽经公安交管机关大力宣传,而不戴头盔的摩托车驾驶员大有人在,在偏远地区、农村不戴头盔的摩托车驾驶员占90%以上,实在令人捏一把汗。

总之,无证驾驶、酒后驾驶、超速驾车和不戴安全头盔,连同其他一些形形色色的交通违法行为,为道路交通安全埋下了深深的事故隐患,不容忽视。

针对目前农村摩托车存在的道路交通安全隐患,应采取以下相应措施以预防和减少摩托车交通事故的发生。

一是加强对摩托车驾驶员的管理,把好驾驶员的培训发证关,坚决杜绝无证驾车。

二是以交警为主力,其他各警种密切配合,长期适时地开展对摩托车的专项治理整顿,重点治理和依法查处无证驾车、酒后驾车、超速行驶、无牌无证上路行驶等交通违法行为,督促办牌办证。

三是要以已建立"四长负责制"的乡镇为依托,积极与辖区乡(镇)政府配合,做好本乡镇摩托车的管理,从而以点带面,搞好其他乡镇的摩托车治理工作。

四是制定科学、周密的勤务计划,合理调配警力,加大县乡道路摩托车交通违法的专项治理力度,加强事故多发道路的巡逻监控,对于摩托车各种严重违法行为要用现有法律法规,从严查处,切实形成严管态势和严管氛围,以提高农村摩托车纳管率。

五是要加大宣传力度,结合开展交通安全教育"五进"活动,广泛宣传《道路交通安全法》和交通安全常识,使广大交通参与者知法、懂法、守法,增强交通安全法律意识,提高自我保护意识,共同营造一个和谐、安全的交通环境。

### 2.交通事故现场保护

发生交通事故造成人员伤亡后,当事人应当立即停车,并采取措施,对现场的范围、行驶轨迹、制动痕迹、其他物品形成的痕迹、散落物等进行保护。当事人应当从以下几个方面保护交通事故现场。

(1)不准移动现场上的任何车辆、物品,并要劝阻围观群众进入现场。对于易消失的路面痕迹、散落物,应该用塑料布、苫布、苇席等东西加以遮盖。

(2)抢救伤者移动车辆时,应做好标记。

(3)将伤者送到医院后,应告知医务人员伤者衣物上的各种痕迹,如花纹印痕、撕脱口,要进行保护。

(4)严防再次事故的发生。发生事故后,要持续开启危险报警闪光灯,并在来车方向 50 米以外的地方放置警告标志,以免其他车辆再次碰撞。对油箱破裂、燃油溢出的现场,要严禁烟火,以免造成火灾,扩大事故后果。

(1)你是否有夏季骑摩托车的经历呢?

(2)摩托车、电动车的交通规则和汽车的交能规则有什么区别呢?

(3)你知道怎么保护交通事故现场吗?

(4)乡村交通规则你懂多少呢?

小贴士

## 摩托车、电动车事故的预防

（1）严把摩托车驾驶员的考试关，对那些交通法规意识淡薄、驾驶技术生疏的人员，决不让其混入驾驶员队伍中来，以免对人民群众的生命财产安全造成威胁。

（2）严把车辆上牌、年检关。对那些拼装、组装、检验不合格的车辆坚决不予以入户，已经入户的，坚决进行清理。年检车辆必须与车见面，认真全面检验，以保证摩托车的性能良好。

（3）加大整治力度。对无证、酒后、超速、逆向等极易造成交通事故的摩托车违法行为要进行严厉处罚。

（4）做好宣传教育工作。驾驶人安全意识的提高是预防交通事故的有效途径。

63

# 四、行人交通意外

安全事故

　　小娟喜欢跳舞，是一个听话懂事的乖孩子，虽然家离学校有近一公里的距离，小娟都是自己步行到学校，从不需家长操心。某天因为出门晚了一些，为了赶时间，她跨越绿化隔离带横穿马路，突然，一辆轿车飞驰而来，将小娟的小腿压断，小娟从此再也不能跳舞了。

小红最近老做恶梦。因为前两天她在上学的路上看见的一件事到现在都让她感到害怕：当她走到一处红绿灯处时，一位70多岁的老大爷看路上汽车较少，就直接闯红灯、过马路，结果被急速而来的小轿车给撞飞了，满地都是血。

 互动讨论

(1) 你曾经在行走或骑车的时候有闯红灯的记录吗？

(2) 当你走在马路中间的时候，看到有机车飞奔而来，你会怎么做呢？

（3）红绿灯知识你知道多少？

（4）你知道司机开车在路上的心理吗？

（5）如果见到有闯红灯这种行为,你会站出来制止吗？

知识加油站

**1.红绿灯交通规则**

绿灯信号:绿灯信号是准许通行信号。按《道路交通安全法实施条例》规定:绿灯亮时,准许车辆、行人通行,但转弯的车辆不准妨碍被放行的直行车辆和行人通行。

红灯信号:红灯信号是绝对禁止通行信号。红灯亮时,禁止车辆通行。右转弯车辆在不妨碍被放行的车辆和行人通行的情况下,可以通行。红灯信号是带有强制意义的禁行信号,遇此信号时,被禁行车辆须停在停止线以外,被禁行的行人须在人行道边等候放行;机动车等候放行时,不准熄火,不准开车门,各种车辆驾驶员不准离开车辆;自行车左转弯不准推车从路口外边绕行,直行不准用右转弯方法绕行。

黄灯信号:黄灯亮时,已越过停止线的车辆,可以继续通行。黄灯信号的含义介于绿灯信号和红灯信号之间,既有不准通行的一面,又有准许通行的一面。黄灯亮时,警告驾驶人和行人通行时间已经结束,马上就要转换为红灯,应将车停在停止线后面,行人也不要进入人行横道。但车辆如因距离过近不便停车而越过停止线时,可以继续通行。已在人行横道内的行人要视来车情况,或尽快通过,或原地不动,或退回原处。

闪光警告信号灯:为持续闪烁的黄灯,提示车辆、行人通行时注意瞭望,确认安全后通过。这种灯没有控制交通先行和让行的作用,有的悬于路口上空,有的在交通信号灯夜间停止使用后仅用其中的黄灯加上闪光,以提醒车辆、行人注意前方是交叉路口,要谨慎行驶,认真观望,安全通过。在闪光警告信号灯闪烁的路口,车辆、行人通行时,既要遵守确保安全的原则,还要遵守没有交通信号或交通标志控制路口的通行规定。

方向指示信号灯:方向信号灯是指挥机动车行驶方向的专用指示信号灯,通过不同的箭头指向,表示机动车直行、左转或者右转。它由红色、黄色、绿色箭头图案组成。

### 2.行人交通安全常识

(1)交通法规对行人的要求有:

①必须遵守《道路交通管理条例》、《高速公路交通管理办法》和各省、市、自治区制定的实施办法等交通管理法规和规章的规定;

②必须遵守车辆、人各行其道的规定。借道通行时,应当让在其本道内行驶的车辆或行人优先通行;

③必须遵守指挥灯信号、人行横道灯信号的规定,即"红灯停、绿灯行、黄灯闪烁多注意";

④必须遵守交通标志和交通标线的规定;

⑤服从交通警察的指挥与管理;

⑥不准在道路上扒车、追车、强行拦车、抛物击车,或在道路上躺卧、聚众围观等;

⑦不准迫使、纵容他人违反交通法规,同时对任何人违反交通法规都有劝阻和控告的权利。

（2）行人怎样行走最安全？

行人是道路交通中的弱者，只有严格遵守交通法规规定，增强自我保护意识，才能保证自身安全。具体讲，行人在道路上行走必须走人行道。没有人行道的，必须靠路边行走，即在从道路边缘线算起1米内行走。不要穿越、倚坐人行道、车行道和铁路道口的护栏。遇到红灯或禁止通行的交通标志时，不要强行通过，应等绿灯放行后通行。

学龄前儿童在道路上行走，必须有成年人带领，残疾人或精神病患者，应当由监护人陪同照料。列队行走时，每横列不得超过二人。成年人的队列在可以紧靠车行道右边行进。儿童的队列须在人行道上行走。

行人在任何情况下，均不得进入高速公路行走。

（3）行人，怎样横过城市街道或公路最安全？

行人横过城市街道或公路时，属于借道通行，应当让在其本道内行驶的车辆或行人优先通过。为确保自身安全和取得横过道路的优先权，行人横过城市道路时，首先应当选择离自己最近的人行过街天桥或地道通过，或者选择离自己最近的人行横道通过。其次是通过人行横道时，有信号灯控制的应当遵守信号灯的规定，绿灯亮时，要迅速通过；没有信号灯控制的，应看清来往车辆，直行通过，千万不要与车辆抢道，或相互追逐、猛跑。第三，在没有人行横道的地方横过道路，应该先向左看后向右看，确认安全后直行通过；横过多条车行道，或者车行道的车流量比较大时，可以采取"左右左"看、一条一条车道通过。第四，横过道路时，不要突然改变行走路线、突然猛跑、突然往后退，更不能在车辆临近时突然横穿。第五，行人列队横过道路时,须从人行横道迅速通过;没有人行横道的,应直行通过不要斜穿。

行人横过公路时,通常都是没有人行横道的地方,应当按照上述第三点至第五点的要求横过公路最安全。

(4)行人,怎样通过铁路道口最安全?

①在遇有道口栏杆(栏门)关闭、音响器发出报警、红灯亮时,或看守人员示意停止行进时,应站在停止线以外,或在最外股铁轨5米以外等候放行。

②在遇道口信号两个红灯交替闪烁或红灯亮时,不能通过;白灯亮时,才能通过。

③通过无人看守的道口时,应先站在道口外,左右看看两边均没有火车驶来时,才能通过。

(5)行人违反交通法规,将受到何种处罚?

行人在道路上行走,不走人行道或不靠边行走;横过道路时不走人行横道、人行过街天桥或地道;在没有人行横道、人行过街天桥或地道的地方,不按规定横过车行道;行人不遵守交通信号、交通标志和交通标线的规定,或者钻跨人行道、车行道和铁路道口护栏的,将处5元以下罚款或者警告。行人擅自进入高速公路行走,将处20元罚款或警告,并责令其离开高速公路。

对在道路上扒车、追车、无理拦截车辆或强行登车,处5元以下罚款或警告;对无理拦截车辆或强行登车影响车辆正常运行,不听劝阻的,将处15日以下拘留,200元以下罚款或警告。

(6)行人对交通违章处罚不服,怎么办?

行人对交通违章处罚不服的,在接到公安机关的处罚通知

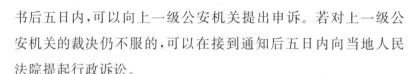

书后五日内,可以向上一级公安机关提出申诉。若对上一级公安机关的裁决仍不服的,可以在接到通知后五日内向当地人民法院提起行政诉讼。

被裁决拘留的人或其家属能够找到担保人或者按照规定交纳保证金的,在申诉和诉讼期间,原裁决暂缓执行。裁决被撤销或者开始执行时退还保证金。

 专家引路

### 行人交通事故原因分析

(1)缺乏自我保护意识,不注意避让过往车辆,把公路当做自家小院,"胜似闲庭信步"任意横过公路。更有甚者把生命当作儿戏,看到别人过马路前站在路边观察等候,讽刺为"贪生怕死"、"胆小如鼠"。2012年5月的一天傍晚,一位75岁的老大娘,手拿畚箕从自家门口出来,横过村前公路去倒垃圾,倒完垃圾转身回家,才跨出一步,被一辆开往县城的轿车撞上,当即死亡。假如她转过身用几秒钟的时间停一停,站在路边观察一下,这一车祸或许就能避免。

(2)相当一部分行人对交通法规知识知之甚少,或者只是一知半解,交通行为存在很大的随意性。有人对县城交叉路口的红绿灯也不予理睬。

(3)对违法搭车的危害性认识不足。在农村乡间道路上经常看见装着货物的拖拉机上坐着人,随着车子的颠簸,人在高高的货物上面摇摇晃晃,随时都有摔下来的危险。

当今社会无论在城市还是在农村,由于意外事故造成家庭不幸的屡见不鲜,据有关方面统计,这当中道路交通事故造成的灾害占了大部分。一起车祸使原本活生生的生命瞬间变成了血肉模糊的尸体,使多少家庭失去家里的顶梁柱,使多少家庭失去花季的孩子,令人们痛不欲生。行人朋友,要记住"千里之行,始于足下"这句古训,当你迈开脚时,就要联想到道路交通安全法规,怀着对家庭,对社会的高度责任感,从我做起,走好每一步。

 **我来体验**

(1)看了这些,你觉得你是一个文明的交通公民吗?

(2)是否对曾经横穿马路,跨越栅栏,闯红灯的事感到羞愧呢?

(3)做一个合格、文明的交通公民,需要从小做起,从我做起,看到不文明的交通行为,我们应该大胆地提出,也许你能挽救一个生命。

 **小贴士**

行人安全,行人自我保护相当重要。除了我们前面举的一些需要遵守的法规,我们还搜索了许多民间好方法,不妨学学。

(1)不能有嫌麻烦或者反正汽车不敢撞人的心理。

（2）可能的话尽量和多人一起过马路，尽量以最短的路线通过，并给自己充分的通过时间。

（3）过马路应当遵循：停步、观察交通状况，看左边一右边一左边，等待安全时刻，然后迅速通过。

（4）在通过车辆右转弯道时应特别小心。遇到没有红绿灯的人行横道，应举手示意，确保安全后再通过。

（5）夜间或是酒后过马路应谨慎。夜间不容易判断车速和车距，要给自己留足够的时间，或者干脆等到没有车时通过。

（6）不要在道路上使用滑板、旱冰鞋等滑行工具；不要在车行道内停留、嬉闹。

（7）不要在车辆临近时有突然动作，比如忽然退后、忽然停顿或者忽然加速。

（8）有时可以用不平常的举动引起司机注意，使他们减速慢行，比如晃动手中颜色鲜艳的物品等。

（9）雨天视线差，若穿了雨衣，撑了雨伞，更应注意观察，尤其是在路口。

# 五、其他交通意外

安全事故

小明家在沈阳，每到冬天大雪纷飞，人和车行走在路上都特别的滑。某天，小明放学后，爸爸开车来学校接小明回家。

路上雪很厚,到处都是结冰的路面,爸爸开得非常小心,开得也很慢,生怕刹车刹不住。然而,这并没有阻止事故的发生,在一个拐弯处,后面一辆公交车也许是速度太快,直接撞上了小明和爸爸这辆车的尾部,尽管爸爸急忙刹车,但是车子还是被狠狠的推出了好几米,车受损不说,还撞上了前面骑摩托车的司机,将摩托车撞到了路边的花台里。幸好没有人员伤亡,摩托车司机只是摔下车,脚擦破了皮。然而,这一连串的事故,究竟是谁的责任,该怎么承担,小明一时懵了。

 互动讨论

(1)如果你是交警,你知道这个交通事故应该怎么解决吗?

(2)雨雪天气开车应注意什么呢?

(3)当刹车制动的作用不大时,应该怎么减缓车速呢?

(4)雨雪天气,一般车与车的安全距离是多少呢?

### 知识加油站

**雨雪天开车注意事项**

第一点就是"慢":在雪天行车时由于不可预测的因素太多,所以开车时慢行可以给自己留出更多的时间判断,从而做出正确的操作。

第二点是"多看":俗话说眼观六路耳听八方一点不假。雪雾天气的视线本来就不好,如果再不多留心那隐患可能就在身边。冬天由于车的内外温差较大,所以很容易在玻璃上结雾,遇有此种情况应及时打开前、后风挡除雾开关,对于前风挡不带加热丝的车辆应将空调送风方向调到"风挡"位置,以确保良好的行车视线。

第三点要注意"留量":行车时无论是给自己还是给别人都多留些量,不要争抢车道。永远与前车保持足够的安全距离。

第四点是要"稳":在雪天行驶时尽量避免急打方向、急起步、急刹车,所有动作都要比平时慢半拍,尤其在出主路、右转、横穿马路、过十字路口时,还要多注意行人和自行车。

### 专家引路

**雨雪大雾天气汽车故障排除技巧**

每逢夏天雨季来临,不但车主感到不便,就连车子也有可

73

能因为淋雨而出现机械故障,因此,雨季车辆检修更为重要。

雨天,车辆的若干部位可能会有积水,大雨过后若是行车时听见水声,不妨

雨天交通道路

停下来找个安全地方熄火检查,打开所有的车门分别摇晃一番,看看水声究竟出自何处。灯罩内,车门内,以及翼子板内都有可能成为积水的位置,原因是这些位置设有的排水孔被堵塞了。情况严重时,灯罩内的水会令灯泡短路烧损,钣金件内的积水极易生锈、渗透到门饰板流入车内,容易造成电动门窗工作不良等故障。要想避免这些故障,首先要了解排水口的位置,用细铁丝或螺丝刀之类工具疏通一下。至于灯罩内附近有没有积水,洗完车或下雨后,目视就很容易发现。

我来体验

(1)汽车是生活中必不可少的交通工具,而各种意料不到的恶劣气候对交通的影响非常巨大,学了这一节,你是否知道

74

如何应对各种恶劣天气呢？

（2）不仅如此，只有娴熟、精通这些知识和技能，才能灵活的应对各种非人为的各种紧急交通情况，你准备好了吗？

汽车事故一般都发生在恶劣天气下，特别是在大雾天，连环相撞事故频频发生，有的甚至上百辆汽车相撞。在遇到能见度特别低的时候，应停止开车，主要是为了避免事故发生。如果必须驾车出行，则需提前了解一下大雾天气驾车出行的注意事项，以最大限度的减少车祸发生的几率。大雾天气高速公路出行的八大注意事项，希望每个人都能未雨绸缪，平安出行。

75

**雾天交通事故**

注意一：出门前，应当将挡风玻璃、车头灯和尾灯擦拭干净，检查车辆灯光、制动等安全设施是否安全有效。另外，在车内一定要携带三角警示牌或其他警示标志，遇到突发故障停车检修时，要在车前后 50 米处摆放警示牌，提醒其他车辆注意。

注意二：雾中行车时，一定要严格遵守交通规则限速行驶，千万不可开快车。雾越大，可视距离越短，车速就必须越低。专家建议当能见度小于 200 米大于 100 米时，时速不得超过 60 公里；能见度小于 100 米大于 50 米时，时速不得超过 40 公里；能见度在 30 米以内时，时速应控制在 20 公里以下。

注意三：不要用远光灯。雾天行驶，一定要使用防雾灯，要遵守灯光使用规定：打开前后防雾灯、尾灯、示宽灯和近光灯，利用灯光来提高能见度，看清前方车辆及行人与路况，也让别人容易看到自己。需要特别注意的是，雾天行车不要使用远光灯，这是由于远光光轴偏上，射出的光线会被雾气反射，在车前形成白茫茫一片，开车的人反而什么都看不见了。

注意四：适时靠边停车。如果雾太大，可以将车靠边停放，同时打开近光灯和双跳灯。停车后，从右侧下车，离公路尽量远一些，千万不要坐在车里，以免被过路车撞到。等雾散去或者视线稍好再上路。

注意五：勤用喇叭。在雾天视线不好的情况下，勤按喇叭可以起到警告行人和其他车辆的作用，当听到其他车的喇叭声时，应当立刻鸣笛回应，提示自己的行车位置。两车交会时应按喇叭提醒对面车辆注意，同时关闭防雾灯，以免给对方造成炫目感。如果对方车速较快，应主动减速让行。

注意六：保持车距。在雾中行车应该尽量低速行驶，尤其

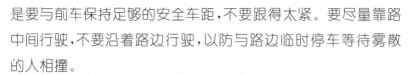

是要与前车保持足够的安全车距，不要跟得太紧。要尽量靠路中间行驶，不要沿着路边行驶，以防与路边临时停车等待雾散的人相撞。

注意七：切忌盲目超车。如果发现前方车辆停靠在右边，不可盲目绕行，要考虑到此车是否在等让对面来车。超越路边停放的车辆时，要在确认其没有起步的意图而对面又无来车后，适时鸣喇叭，从左侧低速绕过。另外，也请注意小心盯住路中的分道线，不能轧线行驶，否则会有与对向的车相撞的危险。在弯道和坡路行驶时，应提前减速，要避免中途变速、停车或熄火。

注意八：不要急刹车。在雾中行车时，一般不要猛踩或者快松油门，更不能紧急制动和急打方向盘。如果认为确需降低车速时，先缓缓放松油门，然后连续几次轻踩刹车，达到控制车速的目的，防止追尾事故的发生。

当我们遇到大雾天气的时候，最主要还是把汽车雾灯还有应急灯全部打开，以提示后面车辆保持一定距离和速度，不要提高速度，避免事故的发生。在转弯之前，要提前放慢速度，可以应付无法预见的事情，也能保证行车安全。

# 第三篇
## 安全常识助我行
### ——交通安全常识教育

现代交通的发达虽然给人们带来了无尽的便利，但同时也增加了许多安全隐患。行走时的一次走神，过马路时的一次侥幸，开车时的一次违章，仅仅是一次小小的疏忽，这一切都会使一个生命转瞬即逝。飞旋的车轮会无情地吞噬掉行人的生命。因此，我们应当学会保护自己，要养成文明行车，文明走路的习惯。今天，我们一起来了解交通安全的一些常识，为自己的出行保驾护航吧！

# 一、指挥灯信号的含义

安全事故

红绿灯是马路上的信号灯,它总是站在马路旁边,指挥着来来往往的汽车和行人,可神气了!不管是刮风下雨,还是严寒酷暑,它都坚守着岗位。

可是,一天晚上,信号灯看到人们都睡着了,汽车也睡觉了,马路上安安静静的,它想:大家都睡觉了,我也很累了,为什么不休息一会儿呢?于是,红绿灯就睡着了。

第二天,天渐渐亮了,红绿灯却还沉浸在梦乡里,树上的小黄莺急得直叫:"红绿灯快醒醒!"可不管小黄莺怎么叫也叫不醒它,马路上的汽车越来越多,汽车的喇叭也在叫:"红绿灯醒醒,快醒醒!"但红绿灯还是不醒。

因为没有红绿灯的指挥,汽车全乱套了,这儿撞一下,那儿撞一下,撞得

81

坑坑洼洼,遍体鳞伤,好疼啊!汽车们生气了。大家联合起来,一起大声地鸣着喇叭"嘀嘀,叭叭",声音响得像打雷,这回可把红绿灯给叫醒了。

红绿灯睁开眼睛一看,知道自己闯祸了,心里很难过,它决定以后不管在什么条件下,无论刮风下雨,都要坚持完成任务,再也不偷懒了。

**互动讨论**

(1)如果你遇到信号灯失灵的情况该怎么办?

(2)遇到交通信号灯失灵的时候你第一时间应该怎样处理呢?

(3)如何准确无误地向交通部门举报通知?

(4)假如在这种情况下交通混乱,你和伙伴们应该怎样安全地通过马路呢?

(5)发生这种情况的时候你能协助交警同志做些什么补救措施吗?

**知识加油站**

交通指挥灯是非裔美国人加莱特·摩根在 1923 年发明的。此前,铁路交通已经使用自动转换的灯光信号有一段时间了。但是由于火车是按固定的时刻表以单列方式运行的,而且

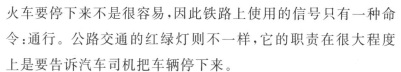

火车要停下来不是很容易,因此铁路上使用的信号只有一种命令:通行。公路交通的红绿灯则不一样,它的职责在很大程度上是要告诉汽车司机把车辆停下来。

交通指挥灯

开车的人谁也不愿意看到停车信号。美国夏威夷大学心理学家詹姆斯指出,人有一种将刹车和油门与自尊相互联系的倾向。他说:驾车者看到黄灯亮时,心里便暗暗作好加速的准备。如果此时红灯亮了,马上就会产生一种失望的感觉。他把交叉路口称作"心理动力区"。如果他的理论成立的话,这个区域在弗罗伊德心理学理论中应该是属于超我而非本能的范畴。

新式的红绿灯能将闯红灯的人拍照下来。犯事的司机不久就会收到罚款单。有的红绿灯还具备监测车辆行驶速度的功能。

交通指挥信号分为:指挥灯信号、手势信号、指挥棒信号、车道灯信号和人行横道灯信号五种。

### 1.指挥灯信号

指挥灯信号有绿灯、黄灯、红灯、绿色箭头灯、黄色闪烁五种形式。

(1)绿灯亮时,准许车辆、行人通行;

(2)红灯亮时,不准车辆、行人通行;

(3)黄灯亮时,不准车辆、行人通行,但已超过停止线的车辆和已经进入人行横道的行人,可以继续通行;

(4)绿色箭头灯亮时,准许车辆按箭头所示方向通行;

(5)黄灯闪烁时,车辆、行人须在确保安全的原则下通行。

### 2.行人必须遵守下列规定

(1)绿灯亮时,准许车辆、行人通行,但转弯的车辆不准妨碍直行车辆和被放行的行人通过。

(2)黄灯亮时,不准车辆、行人通行,但已越过停止线的车辆和已进入人行道的行人,可以继续通行。

(3)绿色箭头灯亮时,准许车辆按箭头所示方向通行。

### 3.手势信号

手势信号是交通警察用规定的手势,指挥交通的一种交通信号。其信号也分为直行信号、左转弯信号和停止信号三种。

(1)直行信号右臂(左臂)向右(向左)平伸,手掌向前,准许左右两方直行的车辆通行;各方右转弯的车辆在不妨碍被放行的车辆通行的情况下,可以通行。

(2)左转弯信号右臂向前平伸,手掌向前,准许左方的左转弯和直行的车辆通行;左臂同时向前摆动时,准许车辆左小转弯;各方右转弯和T形路口右边无横道的直行车辆,在不妨碍被放行的车辆通行的情况下,可以通行。

（3）停止信号右臂向上伸直,手掌向前,不准前方车辆通行;右臂同时向左前方摆动时,车辆须靠边停车。

（1）请求交通警察帮助时需要交代哪些事项?

（2）你能回答交通信号灯包含哪些内容吗?

（3）你能复述行人要遵守的交通信号灯规则吗?

（4）现在你为交通信号灯突然失灵做好准备了吗?

（5）你能理智地协助交通警察处理临时发生的交通拥挤的情况吗?

85

红绿灯,像妈妈,小朋友,请注意,小小卫士本领大,行人车辆要听话。

交通安全要牢记。交通规则记得牢,红灯停,绿灯行,栏杆叔叔对我说。

放学排队出校门,车辆行人不打架。别从我的肩上过,不吵闹来不奔跑。

大马路,像爸爸,路灯阿姨告诉我,过马路走人行道,奔驰宝马也靠它。

晚上天黑要当心,遇见红灯停一停,路不熟,地还疏,红绿灯,提醒我。

绿灯亮了往前行,开车可要小心啦。我的眼睛用处多,遇到汽车靠边行。

人让车,车让人,睁开绿眼大步行,乘车礼让有礼貌,交通安全靠大家。

睁开红眼都停下,尊老爱幼讲文明。车撞人,人撞车,一眨一眨黄眼睛。

小朋友,莫忘了,警察叔叔生气啦。告诉大家准备啦!交通规则记心头。

大家遵守交通法,小朋友,请珍惜,安全幸福千万家。兴国安邦振中华。

生命安全最重要。人人遵守交通法,争做安全小卫士,小卫士。

小朋友,正年少,你拍一,我拍一,我是一个小公民,

交通法,要记牢,走路靠右最要紧。遵守交规常记心,

走路时,靠右行,你拍二,我拍二,红灯亮时切莫行,

人行道,最放心,绿灯行来红灯停,绿灯才是保护神,

过马路,要当心,你拍三,我拍三,路上骑车不带人,

斑马线,看分明,车内勿把头外探,安全隐患要消除,

红灯停,绿灯行,你拍四,我拍四,横穿马路祸根生,

黄灯灯,莫着急,路上学生别嬉戏,人命关天岂儿戏,

马路上,别玩耍,你拍五,我拍五,十字路口情况多,

不能跑,慢慢行。先左后右过马路,车辆转弯要慢行,

转弯前,手示意,你拍六,我拍六,酒后驾车万不可,

不猛拐,不强行,酒后驾车必闯祸,十次事故九次疾,

守法规,讲文明,你拍七,我拍七,人行道上过马路,

安全法,记心间。未满十二不能骑,平平安安把家回。

你拍八,我拍八,并排骑车手勿拉,

你拍九,我拍九,翻越栏杆小命丢,

你拍十,我拍十,人人遵守路畅通,

开心出门开心归,安全时时记心中。

# 二、行人必须遵守的规定

安全事故

87

星期五,小军的父母去国外旅游了,小军和小明相约星期天一起去游乐场玩耍,正巧这天小明的爸爸妈妈单位有事,不能陪同两个小朋友一起去游乐场玩耍了,但是,小明和小军两个小伙伴已经在学校里

面约好了,小明的父母觉得从小要养成言而有信的习惯,既然两个小伙伴已经相约去游乐场,那么小明不能够食言,正当苦于没有办法的时候,小明年过七旬的奶奶过来告诉小明的爸爸妈妈,自己可以带两个小孩子去游乐场。小明的爸爸妈妈没有多想就同意了。转眼星期天就到了,年迈的奶奶带着两个小朋友走在去游乐场的路上,周末街上路上的行人和车辆都比平时多了很多,小明和小军两个孩子兴高采烈地走在前面,奶奶在后面吃力地跟着,两个小朋友在马路上又蹦又跳,一会儿在路边走、一会跑到马路中间蹦蹦跳跳、互相嬉戏,全然不顾其他行人和车辆,看到马路上有行驶的轿车,两个小孩子忍不住去看车内的人们和车辆的款式,奶奶已年过七旬,马路上人多车多已无暇顾及两个孩子。在走过一个十字路口的时候,一辆急速行驶的汽车险些撞到在马路上玩耍嬉戏的小明和小军,幸好司机急刹车,有惊无险,就这样他们一个老人和两个小孩子一路走到了游乐场。

互动讨论

(1)你认为小明和小军的行为正确吗?

(2)如果你是小明或小军在马路上走路的时候会不会玩耍和嬉戏?

(3)遇到这样的老人和小朋友在马路上你会做出什么样的劝告呢?

(4)假如你是小明的爸爸妈妈面对这样的情况该如何处理呢?

（5）奶奶的做法正确吗？

知识加油站

提到交通肇事，人们往往想到的是有"车"的一方，而交通肇事的受害方往往是血肉之躯的行人，而提到刑法中的交通肇事罪，人们也往往认为只有机动车驾驶人才可触犯本罪，行人是无法触犯该罪的。根据《中华人民共和国刑法》、《道路交通安全法》以及其他相关法律法规，行人是可能犯交通肇事罪的。

《中华人民共和国刑法》第一百三十三条规定，因违反交通运输管理法规，而发生重大事故，致人重伤、死亡或者使公私财物遭受重大损失的，处三年以下有期徒刑或者拘役。因此，交通肇事罪的构成要件有两个：一是违反交通运输管理法规；二是发生重大事故。

对于第一个构成要件，我国交通运输管理法规固然很多，但其中最主要和最核心的是《道路交通安全法》，所以违反了该法，就违反了交通运输管理法规，即符合了交通肇事罪的第一个构成要件。而我国《道路交通安全法》第二条规定，我国境内的车辆驾驶人、行人、乘车人以及与道路交通活动有关的单位和个人，都应当遵守本法。该法第三十八条规定，车辆、行人应当按照交通信号通行，另外，该法在第四章第四节还特别对行人和乘车人的通行作出了规定。因此，行人也是我国《道路交通安全法调整》的对象。

对于第二个构成要件，何为重大事故，我国《刑法》第一百三

十三条及最高法院《关于审理交通肇事刑事案件具体应用法律若干问题的解释》（以下简称《解释》）已作出明确的界定，即死亡一人或重伤三人以上，负全部或主要责任的；或死亡三人以上，负事故同等责任的；或造成公私财产直接损失，负事故全部或主要责任，无能力赔偿数额达三十万元以上的。《解释》还对酒后驾车，无证驾驶等六种情形下，交通肇事致一人重伤，负事故全部或主要责任的，也认定是重大事故，以交通肇事罪处罚。

综上所述，如果行人违反了《道路交通安全法》，也就违反了刑法第一百三十三条规定的交通运输管理法规，这样就满足了交通肇事罪的第一个构成要件。如果同时发生了刑法第一百三十三条及《解释》规定的重大事故，那么行人将触犯交通肇事罪，也将同样受到法律的制裁。

 专家引路

人行横道线

行人过马路时,应走在人行横道线上(俗称斑马线),那么行走人行横道线要注意什么呢?

行人应当在道路交通中自觉遵守道路交通管理法规,增强自我保护和现代交通意识,掌握行人交通安全特点,防止交通事故应遵循以下几点:

(1)须在人行道内行走,没有人行道的,须靠边行走。

(2)横过车行道,须走人行横道。

(3)不准穿越、倚坐道口护拦,不要在道路上玩耍、坐卧或进行其他妨碍交通的行为。

(4)行人不得跨越、倚坐道路隔离设施,不得扒车、强行拦车或者实施妨碍道路交通安全的其他行为。

(5)行人通过铁路道口,应当遵守铁路道口信号,服从管理人员的管理。没有铁路道口信号和管理人员的,应当在确认无火车驶临后,迅速通过。

(6)列队通过道路时,每横列不准超过 2 人。儿童的队列须在人行道上行进。

(7)不要进入高速公路、高架道路或者有人行隔离设施的机动车专用道。

(8)高龄老人上街最好有人搀扶陪同。

(9)学龄前儿童以及不能辨认或者不能控制自己行为的精神疾病患者、智力障碍者在道路上通行,应当由其监护人、监护人委托的人或者对其负有管理、保护职责的人带领。

(10)盲人在道路上通行,应当使用盲杖或者采取其他导盲手段,车辆应当避让盲人。

(11)乘车人不得携带易燃易爆等危险物品,不得向车外抛洒物品,不得有影响驾驶人安全驾驶的行为。

(12)各行其道。道路设有人行道的,行人应当在人行道内行走。没有人行道的,应当紧靠道路右侧通行。行人不得进入机动车或非机动车行车道,也不得进入高速公路、高架道路等封闭式的机动车专用道路。

(13)交通信号灯控制。行人应当遵守人行横道交通信号灯的规定,未设置人行横道交通信号灯的路口,应当遵守机动车交通信号灯的规定。绿灯亮时,准许通行;红灯或黄灯亮时,禁止通行,但是已进入人行横道的,可以继续通过,如果机动车遇绿灯放行已经临近时,行人不应当再前行,可以按照交通法律的规定,在道路中心线的地方等候通行。

我来体验

(1)现在你为安全过马路做好准备了吗?

(2)你知道行人违反交通规则要受到怎样的惩罚吗?

(3)你能回答和老年人一起走路的时候该怎么照顾老年人了吗?

(4)对于在马路上玩闹的人们,你能告诉他们这种行为的危险性吗?

(5)如果你遇到老人和盲人走路时,你能对他们进行什么样的帮助呢?

**小贴士**

　　自觉遵守交通法律法规是交通行为人的法定义务，《道路交通安全法》第二条规定，"中华人民共和国境内的车辆驾驶人、行人、乘车人以及与道路交通活动有关的单位和个人，都应当遵守本法"。对违反者，交通警察可以依法纠正、教育、处罚。处罚的种类包括警告、罚款。罚款金额为 5 元以上 50 元以下。阻碍人民警察依法执行职务的，属于妨害社会管理的行为，根据《中华人民共和国治安管理处罚法》的规定，应予从重处罚，对情节严重的，处 5 日以上 10 日以下拘留，并处 500 元以下罚款。

　　法律面前人人平等，交警部门不会因为你是行人，是"弱势群体"就网开一面，该处罚还是要处罚，而且，一旦发生交通事故，更要依法判定当事人所应承担的责任，如果你违反了法律，不但得不到赔偿，还要承担相应的赔偿责任。所以，我们走路都要处处小心才是。

93

# 三、穿越马路注意事项

**安全事故**

　　某日上午 10 时 30 分，在西安市发生了一起汽车连撞事故,"的哥"蒋某和"的姐"杨某看着马路中间撞在一起的出租车满脸沮丧。大约在 20 分钟前,前面一辆出租车为了躲避一个横穿马路的小男孩,急踩刹车,导致后面的四车连撞。

上午 10 时,西安市一市民王先生经过事故地点附近时,猛然听到一连串沉闷的撞击声,向北方向快车道上,一辆奔驰轿车撞到前面的一辆绿色出租车,而出租车前方的另外两辆出租车也撞在一起。四辆车上分别下来了两男两女,第一辆出租车的司机讲,刚才有一个小男孩从东向西横穿马路,他紧急避险踩了刹车,结果导致后面的四辆车相撞了。王先生此时看见马路西侧,小男孩的母亲牵着小男孩,匆匆离开现场,嘴里说着:"你看你,以后过马路时一定要小心。"

上午 10 时 30 分,在事发现场,只剩下了三辆车,据出租车司机蒋某讲,奔驰车司机给被撞出租车司

机赔了约 1000 元钱后,驾车离开现场。"蒋某的车才买了两个月,心疼死了。"蒋某打开车后盖看了看,后盖壳子与底座处产生一道划痕。而另一位出租车司机李女士,则站在一旁,"这下生意可耽搁了。"

现场处理事故的交警提醒大家,家长带孩子上街应看护好

孩子,同时培养孩子遵守交通规则的意识。

(1)如果你横穿马路时该怎么做?

(2)遇到这样的交通事故你能够第一时间做出正确的反应吗?

(3)作为父母,带小孩外出该怎样做好看护工作?

(4)行人作为横穿马路的主体,该遵守怎样的交通规则?

马路的十字路口是车祸事故常发地点,每年因为不正确的横穿马路都会酿成很多悲剧,尤其是儿童和老年人,横穿马路时更是要十分注意来往车辆,严格遵守交通规则,切勿以身犯险,否则,必然会付出惨痛的代价。

(1)横过车行道路。横过车行道是指行人在交叉路口或者路段中如何安全通过车行道的规定。道路设有行人过街天桥或者地道等过街设施的,行人首先应当在过街设施内通过;没有过街设施的,才能从人行横线内通过;没有人行横道的,则要求在确认安全的情况下直行通过。确认安全,是交通法律对行人设定的交通安全注意义务,在行为上要求行人注意观察来往车辆的情况,不得在车辆临近时突然加速横穿,也不得在中途倒退、折返。

(2)横过车行道时须走人行道,有交通信号控制的人行道,应做到红灯停、绿灯行;没有交通信号控制的,须注意车辆,不要追逐猛跑;有人行过街天桥或地道的须走人行过街天桥或地道。

(3)横过没有人行道的车行道,须看清情况,让车辆先行不要在车辆临近时突然横穿。

(4)横过没有人行道的道路时须直行通过,不要图方便、走捷径、或在车前车后乱穿马路。

(5)行人通过路口或者横过道路,应当走人行横道或者过街设施;通过有交通信号灯的人行横道,应当按照交通信号灯指示通行;通过没有交通信号灯、人行横道的路口,或者在没有过街设施的路段横过道路,应当在确认安全后通过。

(6)穿越马路,要走人行横道线;在有过街天桥和过街地道的路段,应自觉走过街天桥和地下通道。

(7)穿越马路时,要走直线,不可迂回穿行;在没有人行横道的路段,应先看左边,再看右边,在确认没有机动车通过时才可以穿越马路。

(8)不要翻越道路中央的安全护栏和隔离墩。

(9)不要突然横穿马路,特别是马路对面有熟人、朋友呼唤,或者自己要乘坐的公共汽车已经进站,千万不能贸然行事,以免发生意外。

 我来体验

（1）现在你为安全的横穿马路做好准备了吗？

（2）你能教会你周边的小伙伴如何安全过马路了吗？

（3）你能回答作为父母该如何带领小孩安全过马路了吗？

（4）如发生交通意外你该怎么办？

 小贴士

集体外出时，最好有组织、有秩序地列队行走；结伴外出时，不要相互追逐、打闹、嬉戏；行走时要专心，注意周围情况，不要东张西望、边走边看书报或做其他事情。

在没有交通民警指挥的路段，要学会避让机动车辆，不与机动车辆争道抢行。

小学生在放学排队时要头戴小黄帽，在雾、雨、雪天，最好穿着色彩鲜艳的衣服，以便于机动车司机尽早发现目标，提前采取安全措施。

# 四、乘车人必须遵守的规定

安全事故

一天放学后,康康和丽丽一同乘坐公交车回家,由于是下班高峰期,等车的人特别的多,里面有老人、上班族、孕妇。康康和丽丽在人群中左看看、右看看,大

家都在焦急地等待公交车的到来。大概过了十分钟,公交车终于向等车的人们驶来,等车的人们已经迫不及待地向公交车方向奔去,在公交车还没有停稳的时候就开始争先恐后地直奔公交车门口。这时,孕妇和老人自然是跑不过年轻力壮的人们,只能静静地跟在人群后面,就在公交车门打开的一刹那,人们一窝蜂似的朝车门挤去,康康和丽丽也被人们挤在中间,不由自主地被后面的人挤上公车,这时司机师傅还在和一名乘客攀

谈,上车后,两人发现孕妇阿姨因为上来得晚,没有了座位,而坐在老幼残孕座位的一个年轻小伙,头发染成金色的,嘴里还抽着烟,烟雾一圈一圈的从他嘴里吐出,吹向车内的人们,还将吸完的烟头和饮料瓶随手扔向窗外,大家都用异样的眼光看着他,康康和丽丽看到这样的情况,康康主动把座位让给了孕妇阿姨。车上的人们都用赞赏的目光看向康康和丽丽。

**互动讨论**

(1)乘客们在等公车时该怎样做?

(2)遇到这样的孕妇和老人乘车你能怎样帮助她们呢?

(3)你认为司机师傅的做法正确吗?

(4)你怎样看待坐在老幼病残孕座位上的年轻小伙子的行为呢?

(5)如果你是年轻小伙子,面对这样的情况你会怎么做呢?

**知识加油站**

### 乘车事故的赔偿责任人

因客运车辆发生意外翻沉,与山体等撞击而发生事故的,乘客与营运人之间存在客运合同关系,除因伤亡是乘客故意或重大过失造成的之外,承运人应承担全部损害赔偿责任。乘客作为原告起诉的,应以承运人为被告。在此种情况下,乘客与承运人之间属合同纠纷,无须公安机关先行处理,乘客有权直

接起诉。因客运车辆与其他车辆发生相撞等事故致乘客遭受损失的,乘客可以基于与营运人之间存在的客运合同关系,不经公安机关处理,直接单独起诉营运人要求营运人承担自己的全部损失。营运人赔偿乘客损失后,可以起诉对方车辆的所有人或管理人,要求其根据其过错承担相应的赔偿责任。乘客也可以基于营运人与对方车辆对自己共同侵权的事实,以营运人和对方车辆为共同被告提起侵权赔偿诉讼。乘客以此种方式起诉的,应当先经过公安机关处理。否则,不应受理。需要说明的是,在乘客与营运人之间既存在客运合同关系,又存在侵权关系的情况下,根据《中华人民共和国合同法》第一百二十二条和《最高人民法院关于适用〈中华人民共和国合同法〉若干问题的解释(一)》第三十条规定,受害人只能在依据客运合同关系追究车方违约责任和依据侵权法律关系追究侵权人侵权责任中选择其一,而不能同时主张两种权利。其在起诉时作出选择后,在一审开庭以前又变更诉讼请求的,人民法院应当准许。

 专家引路

乘坐公共汽(电)车,要排队候车,按先后顺序上车,不要拥挤。上下车均应等车停稳以后,先下后上,不要争抢;不要把汽油、爆竹等易燃易爆的危险品带入车内;乘车时不要把头、手、胳膊伸出车窗外,以免被对面来车或路边树木等刮伤;也不要向车窗外乱扔杂物,以免伤及他人;乘车时要坐稳扶好,没有座位时,要双脚自然分开,侧向站立,手应握紧扶手,以免车辆紧

急刹车时摔倒受伤；乘坐小轿车、微型客车时，在前排乘坐时应系好安全带；尽量避免乘坐卡车、拖拉机；必须乘坐时，千万不要站立在后车厢里或坐在车厢板上；不要在机动车道上招呼出租汽车。

根据《中华人民共和国道路交通管理条例》规定：

（1）乘坐公共汽车、电车和长途汽车须在站台或指定地点依次候车，待车停稳后，先下后上。

（2）不准在车行道上招呼出租汽车。

（3）不准携带易燃、易爆等危险物品乘坐公共汽车、电车、出租汽车和长途汽车等。

（4）机动车行驶中，不准将身体任何部分伸出车外，不准跳车。

（5）乘坐货运机动车时，不准站立，不准坐在车厢栏板上。

（6）乘车人不与司机交谈，乘车时绑好安全带。

（7）机动车行驶过程中，乘车人员应按规定使用安全带，防止发生二次碰撞。所谓二次碰撞是指汽车碰撞后，司机及乘客与车内方向盘、挡风玻璃、座椅背、车门等物体发生碰撞，极易造成车上人员的严重伤害。有资料表明，如果正确使用安全带，可以减少交通事故 45% 的人员死亡，其中翻车时可高达 80%。

（8）机动车行驶过程中，不准将身体的任何部分伸出车外，更不准跳车，下车后不能急于从车前或车后猛跑，要等车开出 20 米以后再走，因为紧挨着车前车后走，驾驶人有一个视线死角，非常危险。

（9）不准向车外抛洒物品。

(10)乘车人不准与正在驾驶车辆的驾驶人闲谈,不准有防碍驾驶人安全行车的其他行为,分散驾驶人的注意力。

 **我来体验**

(1)现在你为安全乘车做好准备了吗?

(2)你能回答众人在等公车时该怎么做了吗?

(3)你见到有孕妇老人乘车时知道该怎么做了吗?

(4)你知道在公车上喝完的饮料瓶该怎样处理了吗?

**小贴士**

乘车人无偿搭乘他人车辆时,因所乘车辆发生意外事故或者与其他车辆之间发生交通事故,使乘客遭受损失,承运人应承担适当补偿责任。但是如果乘车人未经车主同意强行搭乘或暗中搭乘的,因双方未形成客运合同关系,乘车人不能以合同纠纷起诉,只能提起侵权赔偿之诉,要求有过错的车辆所有人或管理人承担相应的民事责任。完全的好意同乘,即无偿的同乘人遭受交通事故损害,基本规则是车主应当适当补偿,而不是赔偿。出于意外而致害同乘人,也应当承担适当补偿责任,但是这个补偿责任就可以适当降低。好意同乘者不能作为绝对免责事由,因为作为驾驶人或所有人,同意他人搭乘,本身就负有安全将他人送到目的地的义务。不能以是否有偿作为确认这种义务有无的标准。有偿搭乘只是增加了一重合同义务而已，但我们不排除例外情况下好意同乘者可以作为免责事由。

# 五、夜间交通注意事项

安全事故

夜间是事故高发时间段，在某高速公路上，一辆宝马轿车与一辆迎面过来的中型运货车相撞，宝马轿车车身前部已经面目全非，司机身受重伤，手臂和头部均不同程度受伤，中型货车车灯部位被撞，司机只是轻微外伤，事故原因是因为夜间灯光较暗，宝马轿车一直开着远光灯，当中型货车驶近宝马车150米以内时，货车是远距离送货，据司机称自己已经连续驾驶13个小时了，也开着远光灯，这样的灯光影响了驾驶员的视线，进而导致两辆车相撞，货车上运载的是豪华灯饰，因为撞击，很多灯饰已经散落在地，而宝马车车身也损害严重，人员伤害、经济损失都十分严重。

（1）如果你在夜间驾车行驶该怎么做？

（2）遇到这样的货车迎面开来你能做的第一反应是什么？

（3）你知道夜间驾车行驶应该打开什么样的车灯吗？

（4）你知道夜间开车该怎样控制车速吗？

专家提示，夜晚开车要注意随着路况的变化及时改变车灯模式，不要一个大灯打到底，这样很容易给对面行驶过来的车辆造成视觉障碍，无法及时看清转向提示，遇到紧急情况不能及时做出反应，轻则惊慌失措，重则引发交通事故。

夜间行驶中车速比白天要慢些，在路口、弯道要用远、近变光告知对方来车并靠右行驶。特别在通过村镇、窄路弯道、交叉路口等地段时，由于灯光照射范围有限，视线不良，行人、自行车、拖拉机、摩托车等随时有横穿道路的危险，因此一定要减速行驶，随时做好处理突然情况的准备。超车时必须在道路条件许可的情况下，先用远、近变光告知前面车辆，待前车让路后，再打左转向灯，超越后在给被超越车留一定的安全距离后再打右转向灯，驶回原车道，绝对不能强行超车，以免发生事故。

# 夜间行车的一些注意事项

### 1.会车注意事项

夜间会车与对向车相距 150 米时,应将远光灯变为近光灯。这既是行车礼貌也是行车安全的保证。当遇对方不改用近光,应立即减速并用连续变换远、近光的办法来示意对方。如果对方仍不改变,感觉灯光刺眼无法辨别路面时,应靠边停车,千万不要赌气以强光对射。

### 2.控制车速

夜间道路上的交通流量小,行人和自行车的干扰也相对较少,驾驶员一般比较容易高速行车,因而很可能发生交通事故。夜间行车由亮处到暗处时,眼睛有一个适应过程,因此必须降低车速,在驶经弯道、坡路、桥梁、窄路和不易看清的地方更应降低车速并随时做好制动或停车的准备;驶经繁华街道时,由于霓虹灯以及其他灯光的照射对驾驶员的视线有影响,这时也须低速行驶;如遇下雨、下雪和下雾等恶劣的天气时须低速小心行驶。

### 3.增加跟车距离

驾驶员在夜间行车时,一是视线不如白天的开阔,二是常遇危险、紧急情况。为此,驾驶员必须准备随时停车。在这种情况下,为避免危险,要注意适当增加跟车距离,以防发生前后车相碰撞的事故。

105

### 4.尽量避免超车

超车前观察被超车辆右侧是否有障碍物,以免超车时,被超车辆向左侧避让障碍物而发生碰撞。必须超车时,应事先连续变换远、近灯光告知前车,在确实判定可以超越后,再进行超车。

### 5.克服驾驶疲劳

夜间行车特别是午夜以后行车最容易疲劳瞌睡,另外夜间行车由于不能见到道路两旁的景观,对驾驶员兴奋性刺激小,因此最易产生驾驶疲劳。可以用经常改变远近灯光的办法,一方面提高其他车辆的注意,另一方面也有助于减轻视觉疲劳。太疲劳时应停车休息,不要强行赶夜路。

### 6.准确判断路况

一般来说,如果感到车速自动减慢、发动机声音变得沉闷时,说明行驶阻力增加,汽车可能正行驶在上坡或松软路面上;如果感觉车速自动加快、发动机声音变得轻快时,说明行驶中阻力减小,汽车可能正行驶于一段下坡路中;如果车灯光柱变短可能是遇上弯道或上坡路,光柱变长也可能是下坡路,光柱有缺口可能是路上坑洼等。

### 7.准备应急灯

夜间行车除准备常规的物品如备胎、千斤顶、扳手外,还应带上照明设备如应急灯以及紧

夜间行车应急灯的使用

急停车时的警告标牌，当遇故障紧急停车时，可以给自己的车辆辟出一块安全区域。

### 8.注意冲出的行人

夜间行车要注意从左侧横过马路的行人。在城市道路的交通繁忙地段，有时对向车道上排满了等红灯的车，在这种情况下，常常有行人从车队的间隙中跑出来从左向右横过马路。

### 9.夜间掉头、倒车安全

夜间倒车或掉头时，必须下车摸清进退地形、上下及四周的安全界限，然后再倒车或掉头，在进、倒中多留余地，在看不清目标的情况下，可用手电或其他灯光照射。

我来体验

(1)现在你为在夜间行车做好准备了吗？

(2)你能回答夜间行车怎样根据路况变换车灯吗？

(3)你知道夜间会车时该怎么做了吗？

(4)你能复述根据车辆行驶速度的不同应该打开哪种车灯了吗？

(5)假如你作为乘客能在夜间行驶的时候给司机一些夜间行车意见吗？

小贴士

交警提醒司机安全应用每种灯。交警局有关人士表示，因为打大灯而引起的交通事故虽然没有具体统计数字，但时有发生。其中更多的是在驾车人躲避强光时造成擦车事故或撞到

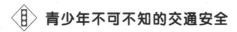 

旁边骑车人和行人。然而,由于此类违规在具体操作中难以确定,所以交警在执行当中存在较大的难度。

车中的各种灯究竟应该怎么用?

位置灯:只在黑暗中显示出静止车的所在位置,不可以用位置灯在黑暗处开车。

雾灯:一般设计成跟位置灯或近光灯共同使用。路遇雾、雨、雪天气,视线严重受阻时,就必须打开前雾灯,白天也不能例外。仅当可视距离小于50米时才能使用后雾灯。经常有些车将后雾灯当位置灯用,完全不照顾跟车司机的眼睛,也使司机的文明形象大打折扣。

近光灯:遇下列情况必须打开近光灯,在天黑无照明设备地段开车,或在天将黑、黎明初现时开车;白天遭遇大雾、下雪或大雨天气,使视线受阻;路上有照明设备,但亮度不够。

远光灯:仅当路上无其他照明设备,而且没有对面车辆的情况下,才能使用远光灯,否则会严重干扰对方视线,甚至造成交通事故,谨防误将远光灯当近光灯用。

# 六、机动车交通常识

2012年的一天,张伟驾驶自己的比亚迪牌新款轿车在重庆市区的路上行驶,正巧前面遇有红灯,便停车等待,在张伟的

轿车前面停有一辆大货车。此时,在张伟车后的另一辆大型载物卡车刹车失灵,撞向张伟的比亚迪轿车,将张伟的轿车撞进停在其轿车前面的大货车后下部,结果导致张伟的比亚迪轿车多处大面积严重受损,已经根本无法驾驶。张伟本人头部、膝盖受到创伤,胸部撞向汽车方向盘受到一定程度的损伤,但没有危及生命,只是皮外伤。张伟在第一时间便报警,重庆市公安局公安交通管理局交通支队的警察依法作出被告载物大卡车"负全部责任,承担事故全部损失费"的交通事故认定书,负责张伟的新款比亚迪轿车的维修费用及张伟的医疗费用。

互动讨论

(1)如果你遇到这样的重大交通事故该怎么办?

(2)遇到这样的交通事故你能够第一时间做出正确的反应吗?

(3)如何准确无误地请求救援?

(4)第一时间如何自救?

(5)赔偿是怎么处理的呢 ?

(6)确定自己安全后怎样安全地救护其他受伤人员?

知识加油站

**机动车通行规定你知多少**?

第四十二条　机动车上道路行驶,不得超过限速标志标明的最高时速。在没有限速标志的路段,应当保持安全车速。夜间行驶或者在容易发生危险的路段行驶,以及遇有沙尘、冰雹、雨、雪、雾、结冰等气象条件时,应当降低行驶速度。

第四十三条　同车道行驶的机动车,后车应当与前车保持足以采取紧急制动措施的安全距离。有下列情形之一的,不得超车:

(一)前车正在左转弯、掉头、超车的;

(二)与对面来车有会车可能的;

(三)前车为执行紧急任务的警车、消防车、救护车、工程救险车的;

(四)行经铁路道口、交叉路口、窄桥、弯道、陡坡、隧道、人行横道、市区交通流量大的路段等没有超车条件的。

第四十四条　机动车通过交叉路口,应当按照交通信号灯、交通标志、交通标线或者交通警察的指挥通过;通过没有交通信号灯、交通标志、交通标线或者交通警察指挥的交叉路口时,应当减速慢行,并让行人和优先通行的车辆先行。

第四十五条　机动车遇有前方车辆停车排队等候或者缓慢行驶时,不得借道超车或者占用对面车道,不得穿插等候的车辆。在车道减少的路段、路口,或者在没有交通信号灯、交通标志、交通标线或者交通警察指挥的交叉路口遇到停车排队等候或者缓慢行驶时,机动车应当依次交替通行。

第四十六条　机动车通过铁路道口时,应当按照交通信号或者管理人员的指挥通行;没有交通信号或者管理人员的,应当减速或者停车,在确认安全后通过。

第四十七条　机动车行经人行横道时,应当减速行驶;遇行人正在通过人行横道,应当停车让行。机动车行经没有交通信号的道路时,遇行人横过道路,应当避让。

第四十八条 机动车载物应当符合核定的载重质量,严禁超载;载物的长、宽、高不得违反装载要求,不得遗洒、飘散载运物。机动车运载超限的不可解体的物品,影响交通安全的,应当按照公安机关交通管理部门指定的时间、路线、速度行驶,悬挂明显标志。在公路上运载超限的不可解体的物品,应当依照公路法的规定执行。

机动车载运爆炸物品、易燃易爆化学物品以及剧毒、放射性等危险物品,应当经公安机关批准后,按指定的时间、路线、速度行驶,悬挂警示标志并采取必要的安全措施。

第四十九条 机动车载人不得超过核定的人数,客运机动车不得违反规定载货。

第五十条 禁止货运机动车载客。货运机动车需要附载作业人员的,应当设置保护作业人员的安全措施。

111

货运机动车载客

第五十一条　机动车行驶时,驾驶人、乘坐人员应当按规定使用安全带,摩托车驾驶人及乘坐人员应当按规定戴安全头盔。

第五十二条　机动车在道路上发生故障,需要停车排除故障时,驾驶人应当立即开启危险报警闪光灯,将机动车移至不妨碍交通的地方停放;难以移动的,应当持续开启危险报警闪光灯,并在来车方向设置警告标志等措施扩大示警距离,必要时迅速报警。

第五十三条　警车、消防车、救护车、工程救险车执行紧急任务时,可以使用警报器、标志灯具;在确保安全的前提下,不受行驶路线、行驶方向、行驶速度和信号灯的限制,其他车辆和行人应当让行。

警车、消防车、救护车、工程救险车非执行紧急任务时,不得使用警报器、标志灯具,不享有前款规定的道路优先通行权。

第五十四条　道路养护车辆、工程作业车进行作业时,在不影响过往车辆通行的前提下,其行驶路线和方向不受交通标志、标线限制,过往车辆和人员应当注意避让。

洒水车、清扫车等机动车应当按照安全作业标准作业;在不影响其他车辆通行的情况下,可以不受车辆分道行驶的限制,但是不得逆向行驶。

第五十五条　高速公路、大中城市中心城区内的道路,禁止拖拉机通行。其他禁止拖拉机通行的道路,由省、自治区、直辖市人民政府根据当地实际情况规定。

在允许拖拉机通行的道路上,拖拉机可以从事货运,但是不得用于载人。

第五十六条　机动车应当在规定地点停放。禁止在人行道上停放机动车;但是,依照本法第三十三条规定施划的停车泊位除外。在道路上临时停车的,不得妨碍其他车辆和行人通行。

## 机动车驾驶常识

### 1.开车前的准备工作

首先应检查油(机油、汽油)、水(水箱水、电瓶水)、电(喇叭、灯光)、制动(刹车是否正常),轮胎是否亏气。

### 2.开车时的注意事项

新学员上路应注意全身放松,不要有恐惧心理,听从陪练的口令,领悟陪练所讲的技术要领,精神要集中,动作要标准,不要双手紧握方向盘,换挡时不要来回摇动挡把。起步时左脚要缓慢抬起离合踏板(越慢越好),当听到发动机的声音有所改变或汽车有微微颤动时,右脚缓慢地踩下油门踏板,在踏下油门踏板的同时缓慢地抬起离合踏板,严禁猛抬猛踩。并线应注意观察路面情况,确认安全后方可并线,切记不要强行并线。掉头或转弯时应减速换挡,让直行车先行,不能抢行。倒库入库时应注意观察前后左右,以免与其他车辆相碰撞。

### 3.收车后的注意事项

把车停放在车位里,把车门玻璃关上,车门锁好,防止汽车被盗。

**4.出了交通事故,有 36 种行为要负全责**

• 违反交通信号指示的;

• 遇放行信号未让先被放行车的;

• 遇放行信号转弯未让直行车和被放行的行人的;

• 遇停止信号右转弯和 T 形路口直行车未让被放行的车辆和行人的;

• 支路车未让干路车的;

• 支干路不分的,同类车未让右边先来车的;

• 支干路不分的,非机动车未让机动车,非公共汽车、电车未让公共汽车、电车的;

• 相对方向同类车相遇,左转弯车未让直行或右转弯车的;

• 进入环形路口车未让环形路口内车的;

• 车辆行经人行横道未按规定让行人的;

• 机动车驶入非机动车道未让非机动车的;

• 机动车驶入人行道未让行人的;

• 非机动车驶入机动车道未让机动车的;

• 非机动车驶入人行道未让行人的;

• 非机动车在人行横道内行驶横过车行道,未让机动车、行人的;

• 行人进入非机动车道,未让非机动车的;

• 行人进入机动车道未让机动车的;

• 行人横过车行道未走人行横道、人行过街天桥或地下通道的;

• 机动车变更车道未让本车道车的;

• 机动车违章进入公交专用车道的;

- 公交专用车违章进入其他机动车道的；
- 辅路未让主路车的；
- 其他违反借道行驶规定的；
- 违反禁行类的禁令标志或禁止标线的；
- 违反导向类的指示标志或指示标线的；
- 逆向行驶的；
- 违章掉头的；
- 违章会车的；
- 违章超车的；
- 在机动车道或高速公路上违章停车的；
- 机动车驶入交通管制车道的；
- 违章进入高速路、快速路的；
- 倒车、溜车发生事故的；
- 开关车门妨碍其他车辆、行人通行的；
- 未保持安全距离，追撞前车尾部的；
- 自身发生交通事故的。

我来体验

（1）现在你如果遇到重大交通事故在第一时间会正确的做出反应、请求救援和自救吗？

（2）机动车通行规定你知道多少呢？

（3）现在你知道机动车的驾驶常识吗？

 小贴士

## 中华人民共和国道路交通安全法（部分摘录）

第一条　为了维护道路交通秩序，预防和减少交通事故，保护人身安全，保护公民、法人和其他组织的财产安全及其他合法权益，提高通行效率，制定本法。

第二条　中华人民共和国境内的车辆驾驶人、行人、乘车人以及与道路交通活动有关的单位和个人，都应当遵守本法。

第三条　道路交通安全工作，应当遵循依法管理、方便群众的原则，保障道路交通有序、安全、畅通。

第四条　各级人民政府应当保障道路交通安全管理工作与经济建设和社会发展相适应。

县级以上地方各级人民政府应当适应道路交通发展的需要，依据道路交通安全法律、法规和国家有关政策，制定道路交通安全管理规划，并组织实施。

第五条　国务院公安部门负责全国道路交通安全管理工作。县级以上地方各级人民政府公安机关交通管理部门负责本行政区域内的道路交通安全管理工作。

县级以上各级人民政府交通、建设管理部门依据各自职责，负责有关的道路交通工作。

第六条　各级人民政府应当经常进行道路交通安全教育，提高公民的道路交通安全意识。

公安机关交通管理部门及其交通警察执行职务时，应当加

强道路交通安全法律、法规的宣传,并模范遵守道路交通安全法律、法规。

机关、部队、企业事业单位、社会团体以及其他组织,应当对本单位的人员进行道路交通安全教育。

教育行政部门、学校应当将道路交通安全教育纳入法制教育的内容。

新闻、出版、广播、电视等有关单位,有进行道路交通安全教育的义务。

第七条　对道路交通安全管理工作,应当加强科学研究,推广、使用先进的管理方法、技术、设备。

第十条　准予登记的机动车应当符合机动车国家安全技术标准。申请机动车登记时,应当接受对该机动车的安全技术检验。但是,经国家机动车产品主管部门依据机动车国家安全技术标准认定的企业生产的机动车型,该车型的新车在出厂时经检验符合机动车国家安全技术标准,获得检验合格证的,免予安全技术检验。

第十一条　驾驶机动车上道路行驶,应当悬挂机动车号牌,放置检验合格标志、保险标志,并随车携带机动车行驶证。

机动车号牌应当按照规定悬挂并保持清晰、完整,不得故意遮挡、污损。

任何单位和个人不得收缴、扣留机动车号牌。

第十二条　有下列情形之一的,应当办理相应的登记:

(一)机动车所有权发生转移的;

(二)机动车登记内容变更的;

(三)机动车用作抵押的;

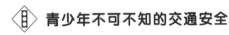 

(四)机动车报废的。

第十三条 对登记后上道路行驶的机动车,应当依照法律、行政法规的规定,根据车辆用途、载客载货数量、使用年限等不同情况,定期进行安全技术检验。对提供机动车行驶证和机动车第三者责任强制保险单的,机动车安全技术检验机构应当予以检验,任何单位不得附加其他条件。对符合机动车国家安全技术标准的,公安机关交通管理部门应当发给检验合格标志。

**机动车检验合格证**

对机动车的安全技术检验实行社会化。具体办法由国务院规定。

机动车安全技术检验实行社会化的地方,任何单位不得要求机动车到指定的场所进行检验。

公安机关交通管理部门、机动车安全技术检验机构不得要求机动车到指定的场所进行维修、保养。

机动车安全技术检验机构对机动车检验收取费用,应当严格执行国务院价格主管部门核定的收费标准。

第十四条 国家实行机动车强制报废制度,根据机动车的安全技术状况和不同用途,规定不同的报废标准。

应当报废的机动车必须及时办理注销登记。

达到报废标准的机动车不得上道路行驶。报废的大型客、货车及其他营运车辆应当在公安机关交通管理部门的监督下解体。

第十五条　警车、消防车、救护车、工程救险车应当按照规定喷涂标志图案，安装警报器、标志灯具。其他机动车不得喷涂、安装、使用上述车辆专用的或者与其相类似的标志图案、警报器或者标志灯具。

警车、消防车、救护车、工程救险车应当严格按照规定的用途和条件使用。

公路监督检查的专用车辆，应当依照公路法的规定，设置统一的标志和示警灯。

第十六条　任何单位或者个人不得有下列行为：

（一）拼装机动车或者擅自改变机动车已登记的结构、构造或者特征；

（二）改变机动车型号、发动机号、车架号或者车辆识别代号；

（三）伪造、编造或者使用伪造、编造的机动车登记证书、号牌、行驶证、检验合格标志、保险标志；

（四）使用其他机动车的登记证书、号牌、行驶证、检验合格标志、保险标志。

第十七条　国家实行机动车第三者责任强制保险制度，设立道路交通事故社会救助基金。具体办法由国务院规定。

第十八条　依法应当登记的非机动车，经公安机关交通管理部门登记后，方可上道路行驶。

依法应当登记的非机动车的种类，由省、自治区、直辖市人民政府根据当地实际情况规定。

非机动车的外形尺寸、质量、制动器、车铃和夜间反光装置，应当符合非机动车安全技术标准。

### 机动车驾驶人

第十九条　驾驶机动车，应当依法取得机动车驾驶证。

申请机动车驾驶证，应当符合国务院公安部门规定的驾驶许可条件；经考试合格后，由公安机关交通管理部门发给相应类别的机动车驾驶证。

持有境外机动车驾驶证的人，符合国务院公安部门规定的驾驶许可条件，经公安机关交通管理部门考核合格的，可以发给中国的机动车驾驶证。

驾驶人应当按照驾驶证载明的准驾车型驾驶机动车；驾驶机动车时，应当随身携带机动车驾驶证。

公安机关交通管理部门以外的任何单位或者个人，不得收缴、扣留机动车驾驶证。

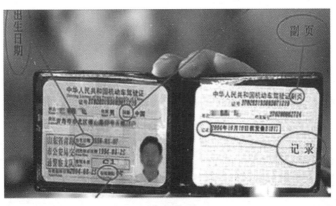

**机动车驾驶证**

第二十条　机动车的驾驶培训实行社会化，由交通主管部门对驾驶培训学校、驾驶培训班实行资格管理,其中专门的拖拉机驾驶培训学校、驾驶培训班由农业(农业机械)主管部门实行资格管理。

驾驶培训学校、驾驶培训班应当严格按照国家有关规定,对学员进行道路交通安全法律、法规、驾驶技能的培训,确保培训质量。

任何国家机关以及驾驶培训和考试主管部门不得举办或者参与举办驾驶培训学校、驾驶培训班。

第二十一条　驾驶人驾驶机动车上道路行驶前,应当对机动车的安全技术性能进行认真检查;不得驾驶安全设施不全或者机件不符合技术标准等具有安全隐患的机动车。

第二十二条　机动车驾驶人应当遵守道路交通安全法律、法规的规定,按照操作规范安全驾驶、文明驾驶。

饮酒、服用国家管制的精神药品或者麻醉药品,或者患有妨碍安全驾驶机动车的疾病,或者过度疲劳影响安全驾驶的,不得驾驶机动车。

任何人不得强迫、指使、纵容驾驶人违反道路交通安全法律、法规和机动车安全驾驶要求驾驶机动车。

第二十三条　公安机关交通管理部门依照法律、行政法规的规定,定期对机动车驾驶证实施审验。

第二十四条　公安机关交通管理部门对机动车驾驶人违反道路交通安全法律、法规的行为,除依法给予行政处罚外,实行累积记分制度。公安机关交通管理部门对累积记分达到规定分值的机动车驾驶人,扣留机动车驾驶证,对其进行道路交通安全法律、法规教育,重新考试;考试合格的,发还其机动车驾驶证。

对遵守道路交通安全法律、法规,在一年内无累积记分的机动车驾驶人,可以延长机动车驾驶证的审验期。具体办法由国务院公安部门规定。

# 七、一些常见交通标志的意义

2004年5月9日20时55分左右,行人曹某在宣武区南二环主路菜户营桥东侧步行由北向南进入二环主路横过道路时,刘某驾驶"奥拓"牌小车由东向西在主路内左侧第一条车道内行驶。刘某发现曹某后在采取制动措施过程中,小车前部与曹某身体接触,造成曹某当场死亡,小车受损。事故发生后,曹某家属将司机刘某及其保险公司起诉并要求赔偿。法院认为:首先,曹某穿行二环机动车主路的行为违反了《道路交通安全法》第61条"行人应当在人行道内行走,没有人行道的靠路边行走"、第62条"行人通过路口或者横过道路,应当走人行横道或者过街设施……通过没有交通信号灯、人行横道的路口,或者在没有过街设施的路段横过道路,应当在确认安全后通过"的规定,将其自身和他人的生命健康置于极其危险的境地,是交通事故发生的直接原因。其次,刘某在紧急状态下采取了一系列应变措施,刹车、鸣笛、避让,基本达到了作为机动车驾驶员在遇紧急状况时所应作出的必然反应,但刘某发现行人时与行人相距约100米,采取的措施是鸣笛、轻踩刹车而未及时踩死刹车,避让行人时与行人所行方向一致,且在采取措施过程中轻信行人可以快速前行避开其车辆,确有不当之处。曹某行为违法以及刘某采取的应变措施,共同构成减轻刘某应负赔偿责任的条件,应以减轻刘某对曹某之死的责任,承担50%赔偿责任为宜。刘某为其所有的"奥拓"牌小车在华泰财产保险股份有限公司投保了保险金额和赔偿限额为5万元的第三者责任险,承保刘某车辆的华泰财产保险股份有限公司对死者曹某之近亲属在保险责任限额内具有法定赔偿义务。终审判决奥拓车司机刘某一次性赔偿死者亲属损失共计10万余元。刘某反诉请求死者家属赔偿其修车费得到法院支持,获赔修车费664元。

互动讨论

(1)曹某横过马路的行为正确吗?

(2)司机刘某采取的措施正确吗?

(3)当你在过马路时应该注意些什么?

知识加油站

交通标志分为:指示标志、警告标志、禁令标志、指路标志、旅游区标志、道路施工安全标志和辅助标志。道路交通标线分为:指示线、警告标线、禁止标线。交通警察的指挥分为:手势信号和使用器具的交通指挥信号。

警告标志:警告车辆、行人注意危险地点的标志。警告标志的颜色为黄底、黑边、黑图案。形状为等边三角形,顶角朝上。如:注意行人、十字交叉、T型交叉、向左急转弯、连续弯路等。

　　禁令标志:禁止或限制车辆、行人交通行为的标志。禁令标志的颜色一般为白底、红圈、黑图案。其形状为圆形或顶角向下的等边三角形。如:禁止通行、禁止驶入、禁止机动车通行、禁止行人通行等。

　　指示标志:指示车辆、行人实施某种交通行为的标志,其颜色为蓝底、白图案,形状分为圆形、长方形和正方形。如:直形、向左转弯、机动车道、非机动车道、步行等。

几种比较常见的标志、标线

| | |
|---|---|
| 警告标志:十字交叉路口 | 指示标志:人行横道 |
| 直行:表示只准车辆直行 | 向左转弯:表示只准车辆向左转弯 |
| 指路标志:到了北京界 | 指路标志:105国道 |

续表

| | |
|---|---|
| 非机动车禁止停车 | 禁止行人通行 |
| 旅游区距离 | 道路施工安全 |
| 辅助标志:代表轿车 | 禁止标线:中心黄色双(单)实线 |
| 双向两车道路面中心(虚)线 | 警告标线:车行道宽窄渐变路段标线 |

## 1.交通标志－警告标志

| | | | |
|---|---|---|---|
| 十字交叉 | T形交叉 | T形交叉 | T形交叉 |

125

| | | | |
|---|---|---|---|
| 除了基本形十字路口外，还有部分变异的十字路口，如：五路交叉路口、变形十字路口、变形五路交叉路口等。五路以上的路口均按十字路口对待。 | 丁字形标志原则上设在与交叉口形状相符的道路上。右侧丁字路口，此标志设在进入T字路口以前的适当位置。 | 丁字形标志原则上设在与交叉口形状相符的道路上。左侧丁字路口此标志设在进入丁字路口以前的适当位置。 | 丁字形标志原则上设在与交叉口形状相符的道路上。此标志设在进入T字路口以前的适当位置。 |
|  Y形交叉 | 环形交叉 | 向左急转弯 | 向右急转弯 |
| 设在Y形路口以前的适当位置。 | 有的环形交叉路口，由于受线形限制或障碍物阻挡，此标志设在面对来车的路口的正面。 | 向左急转弯标志，设在左急转弯的道路前方适当位置。 | 向右急转弯标志，设在右急转弯的道路前方适当位置。 |
|  反向弯路 |  连续弯路 |  上陡坡 |  下陡坡 |
| 此标志设在两个相邻的方向相反的弯路前适当位置。 | 此标志设在有连续三个以上弯路的道路以前适当位置。 | 此标志设在纵坡度在7％和市区纵坡度在大于4％的陡坡道路前适当位置。 | 此标志设在纵坡度在7％和市区纵坡度在大于4％的陡坡道路前适当位置。 |

126

续表

| | | | |
|---|---|---|---|
| 两侧变窄 | 右侧变窄 | 左侧变窄 | 窄桥 |
| 车行道两侧变窄主要指沿道路中心线对称缩窄的道路；此标志设在窄路以前适当位置。 | 车行道右侧缩窄。此标志设在窄路以前适当位置。 | 车行道左侧缩窄。此标志设在窄路以前适当位置。 | 此标志设在桥面宽度小于路面宽度的窄桥以前适当位置。 |
| 双向交通 | 注意行人 | 注意儿童 | 注意牲畜 |
| 双向行驶的道路上，采用天然的或人工的隔离措施，把上下行交通完全分离，由于某种原因（施工、桥、隧道）形成无隔离的双向车道时，须设置此标志。 | 一般设在郊外道路上划有人行横道的前方。城市道路上因人行横道线较多，可根据实际需要设置。 | 此标志设在小学、幼儿园、少年宫、儿童游乐场等儿童频繁出入的场所或通道处。 | 此标志设在经常有牲畜活动的路段特别是视线不良的路段以前适当位置。 |
| 注意信号灯 | 注意落石 | 注意落石 | 注意横风 |

127

| | | | |
|---|---|---|---|
| 此标志设在不易发现前方信号灯控制的路口前适当位置。 | 此标志设在左侧有落石危险的傍山路段之前适当位置。 | 此标志设在右侧有落石危险的傍山路段之前适当位置。 | 此标志设在经常有很强的侧风并有必要引起注意的路段前适当位置。 |
| 易滑 | 傍山险路 | 傍山险路 | 堤坝路 |
| 此标志设在路面的摩擦系数不能满足相应行驶速度下要求紧急刹车距离的路段前适当位置。行驶至此路段必须减速慢行。 | 此标志设在山区地势险要路段（道路外侧位陡壁、悬崖危险的路段）以前适当位置。 | 此标志设在山区地势险要路段（道路外侧位陡壁、悬崖危险的路段）以前适当位置。 | 此标志设在沿水库、湖泊、河流等堤坝路以前适当位置。 |
| 堤坝路 | 村庄 | 隧道 | 渡口 |
| 此标志设在沿水库、湖泊、河流等堤坝路以前适当位置。 | 此标志设在不易发现前方有村庄或小城镇的路段以前适当位置。 | 此标志设在进入隧道前的适当位置。 | 此标志设在汽车渡口以前适当位置。特别是有的渡口地形较为复杂、道路条件较差，使用此标志能引起驾驶员的谨慎驾驶、注意安全。 |

续表

| | | | |
|---|---|---|---|
| 驼峰桥 | 路面不平 | 过水路面 | 有人看守铁路道口 |
| 此标志表示前方是拱度较大的桥，不易发现对方来车，应靠右侧行驶并应减速慢行。设在桥前适当位置。 | 此标志设在路面不平的路段以前适当位置。 | 此标志设在过水路面或漫水桥路段以前适当位置。 | 此标志设在不易发现的道口以前适当位置。 |
| 无人看守铁路道口 | 注意非机动车 | 事故易发路段 | 慢行 |
| 此标志设在道口以前适当位置。 | 此标志设在混合行驶的道路并经常有非机动车横穿、出入的地点以前适当位置。 | 此标志设在交通事故易发路段以前适当位置。 | 此标志设在前方需要减速慢行的路段以前适当位置。 |
| 左右绕行 | 左侧绕行 | 右侧绕行 | 施工 |

| | | | |
|---|---|---|---|
| 此标志表示有障碍物左右侧绕行，放置在路段前适当位置。 | 此标志表示有障碍物左侧绕行，放置在路段前适当位置。 | 此标志表示有障碍物右侧绕行，放置在路段前适当位置。 | 此标志可作为临时标志设在施工路段以前适当位置。 |
| | | | |
| 注意危险 | 斜杠符号 | 斜杠符号 | 斜杠符号 |
| 此标志设在以上标志不能包括的其他危险路段以前适当位置。 | 表示距无人看守铁路道口的距离为 50m。 | 表示距无人看守铁路道口的距离 100m。 | 表示距无人看守铁路道口的距离为 150m。 |
| | | | |
| 叉形符号 | | | |
| 表示多股铁道与道路交叉，设在无人看守铁路道口标志上端。 | | | |

## 2.交通标志－禁令标志

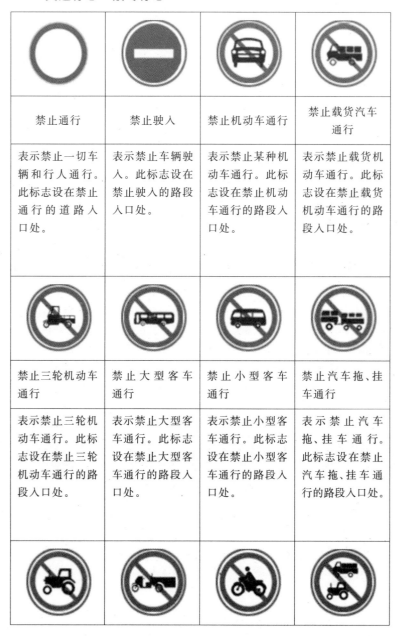

| | | | |
|---|---|---|---|
| 禁止通行 | 禁止驶入 | 禁止机动车通行 | 禁止载货汽车通行 |
| 表示禁止一切车辆和行人通行。此标志设在禁止通行的道路入口处。 | 表示禁止车辆驶入。此标志设在禁止驶入的路段入口处。 | 表示禁止某种机动车通行。此标志设在禁止机动车通行的路段入口处。 | 表示禁止载货机动车通行。此标志设在禁止载货机动车通行的路段入口处。 |
| 禁止三轮机动车通行 | 禁止大型客车通行 | 禁止小型客车通行 | 禁止汽车拖、挂车通行 |
| 表示禁止三轮机动车通行。此标志设在禁止三轮机动车通行的路段入口处。 | 表示禁止大型客车通行。此标志设在禁止大型客车通行的路段入口处。 | 表示禁止小型客车通行。此标志设在禁止小型客车通行的路段入口处。 | 表示禁止汽车拖、挂车通行。此标志设在禁止汽车拖、挂车通行的路段入口处。 |

131

| 禁止拖拉机通行 | 禁止农用运输车通行 | 禁止二轮摩托车通行 | 禁止某两种车通行 |
|---|---|---|---|
| 表示禁止拖拉机通行。此标志设在禁止拖拉机通行的路段入口处。 | 表示禁止农用运输车通行。此标志设在禁止农用运输车通行的路段入口处。 | 表示禁止两轮摩托车通行。此标志设在禁止两轮摩托车通行的路段入口处。 | 表示禁止某两种车通行。此标志设在禁止某两种车通行的路段入口处。 |
| 禁止各类非机动车通行 | 禁止畜力车通行 | 禁止人力货运三轮车通行 | 禁止人力客运三轮车通行 |
| 表示禁止非机动车通行。此标志设在禁止非机动车通行的路段入口处。 | 表示禁止畜力车通行。此标志设在禁止畜力车通行的路段入口处。 | 表示禁止人力货运三轮车通行。此标志设在禁止人力货运三轮车通行的路段入口处。 | 表示禁止人力客运三轮车通行。此标志设在禁止人力客运三轮车通行的路段入口处。 |
| 禁止人力车通行 | 禁止骑自行车下坡 | 禁止骑自行车上坡 | 禁止行人通行 |
| 表示禁止人力车通行。此标志设在禁止人力车通行的路段入口处。 | 表示禁止骑自行车下坡通行。此标志设在禁止骑自行车下坡通行的路段入口处。 | 表示禁止骑自行车上坡通行。此标志设在禁止骑自行车上坡通行的路段入口处。 | 表示禁止行人通行。此标志设在禁止行人通行的路段入口处。 |

续表

| | | | |
|---|---|---|---|
| 禁止向左转弯 | 禁止向右转弯 | 禁止直行 | 禁止向左向右转弯 |
| 表示前方路口禁止一切车辆向左转弯。此标志设在禁止向左转弯的路口前适当位置。 | 表示前方路口禁止一切车辆向右转弯。此标志设在禁止向右转弯的路口前适当位置。 | 表示前方路口禁止一切车辆直行。此标志设在禁止直行的路口前适当位置。 | 表示前方路口禁止一切车辆向左向右转弯。此标志设在禁止向左向右转弯的路口前适当位置。 |
| 禁止直行和向左转弯 | 禁止直行和向右转弯 | 禁止掉头 | 禁止超车 |
| 表示前方路口禁止一切车辆直行和向左转弯。此标志设在禁止直行和向左转弯的路口前适当位置。 | 表示前方路口禁止一切车辆直行和向右转弯。此标志设在禁止直行和向右转弯的路口前适当位置。 | 表示前方路口禁止一切车辆掉头。此标志设在禁止掉头的路口前适当位置。 | 表示该标志至前方解除禁止超车标志的路段内，不准机动车超车。此标志设在禁止超车的起点。 |
| 解除禁止超车 | 禁止车辆临时或长时停放 | 禁止车辆长时停放 | 禁止鸣喇叭 |

133

| | | | |
|---|---|---|---|
| 表示禁止超车路段结束。此标志设在禁止超车的终点。 | 表示在限定的范围内，禁止一切车辆临时或长时停放。此标志设在禁止车辆停放的地方。禁止车辆停放的时间、车种和范围可用辅助标志说明。 | 表示禁止车辆长时停放，临时停放不受限制。禁止车辆停放的时间、车种和范围可用辅助标志说明。 | 表示禁止鸣喇叭。此标志设在需要禁止鸣喇叭的地方。禁止鸣喇叭的时间和范围可用辅助标志说明。 |
| 限制宽度 | 限制高度 | 限制质量 | 限制轴重 |
| 表示禁止装载宽度超过标志所示数值的车辆通行。此标志设在最大允许宽度受限制的地方。以图为例：装载宽度不得超过3米。 | 表示禁止装载高度超过标志所示数值的车辆通行。此标志设在最大允许高度受限制的地方。以图为例：装载高度不得超过3.5米。 | 表示禁止总质量超过标志所示数值的车辆通行。此标志设在需要限制车辆质量的桥梁两端。以图为例：装载总质量不得超过10t。 | 表示禁止轴重超过标志所示数值的车辆通行。此标志设在需要限制车辆轴重的桥梁两端。以图为例：限制车辆轴重不得超过7t。 |
| 限制速度 | 解除限制速度 | 停车检查 | 停车让行 |

续表

| 表示该标志至前方解除限制速度标志的路段内，机动车行驶速度不得超过标志所示数值。此标志设在需要限制车辆速度的路段的起点。以图为例:限制行驶时速不得超过40公里。 | 表示限制速度路段结束。此标志设在限制车辆速度路段的终点。 | 表示机动车必须停车接受检查。此标志设在关卡将近处，以便要求车辆接受检查或缴费等手续。标志中可加注说明检查事项。 | 表示车辆必须在停止线以外停车瞭望，确认安全后，才准许通行。停车让行标志在下列情况下设置:(1)与交通流量较大的干路平交的支路路口;(2)无人看守的铁路道口;(3)其他需要设置的地方。 |
| --- | --- | --- | --- |
| 减速让行 | 会车让行 | 禁止运输危险物品车辆驶入 | |
| 表示车辆应减速让行,告示车辆驾驶员必须慢行或停车,观察干路行车情况,在确保干道车辆优先的前提下,认为安全时方可续行。此标志设在视线良好交叉道路的次要路口。 | 表示车辆会车时,必须停车让对方车先行。设置在会车有困难的狭窄路段的一端或由于某种原因只能开放一条车道作双向通行路段的一端。 | 表示禁止运输危险物品车辆驶入。设在禁止运输危险物品车辆驶入路段的入口处。 | |

135

### 3.交通标志 — 指示标志

| 直行 | 向左转弯 | 向右转弯 | 直行和向左转弯 |
|---|---|---|---|
| 表示只准一切车辆直行。此标志设在直行的路口以前适当位置。 | 表示只准一切车辆向左转弯。此标志设在车辆必须向左转弯的路口以前适当位置。 | 表示只准一切车辆向右转弯。此标志设在车辆必须向右转弯的路口以前适当位置。 | 表示只准一切车辆直行和向左转弯。此标志设在车辆必须直行和向左转弯的路口以前适当位置。 |
| 直行和向右转弯 | 向左和向右转弯 | 靠右侧道路行驶 | 靠左侧道路行驶 |
| 表示只准一切车辆直行和向右转弯。此标志设在车辆必须直行和向右转弯的路口以前适当位置。 | 表示只准一切车辆向左和向右转弯。此标志设在车辆必须向左和向右转弯的路口以前适当位置。 | 表示只准一切车辆靠右侧道路行驶。此标志设在车辆必须靠右侧行驶的路口以前适当位置。 | 表示只准一切车辆靠左侧道路行驶。此标志设在车辆必须靠左侧行驶的路口以前适当位置。 |
| 立交直行和左转弯 | 立交直行和右转弯 | 环岛行驶 | 步行 |

136

续表

| | | | |
|---|---|---|---|
| 表示车辆在立交处可以直行和按图示路线左转弯行驶。此标志设在立交左转弯出口处适当位置。 | 表示车辆在立交处可以直行和按图示路线右转弯行驶。此标志设在立交右转弯出口处适当位置。 | 表示只准车辆靠右环行。此标志设在环岛面向路口来车方向适当位置。 | 表示该街道只供步行。此标志设在步行街的两端。 |
| 鸣喇叭 | 最低限速 | 单行路 | 单行路（直行） |
| 表示机动车行至该标志处必须鸣喇叭。此标志设在公路的急转弯处、陡坡等视线不良路段的起点。 | 表示机动车驶入前方道路之最低时速限制。此标志设在高速公路或其他道路限速路段的起点。 | 表示一切车辆向左或向右单向行驶。此标志设在单行路的路口和入口处的适当位置。 | 表示一切车辆单向行驶。此标志设在单行路的路口和入口处的适当位置。 |
| 干路先行 | 会车先行 | 人行横道 | 右转车道 |
| 表示干路先行，此标志设在车道以前适当位置。 | 表示会车先行，此标志设在车道以前适当位置。 | 表示该处为专供行人横穿马路的通道。此标志设在人行横道的两侧。 | 表示车道的行驶方向。此标志设在导向车道以前适当位置。 |

137

续表

| | | | |
|---|---|---|---|
| 直行车道 | 直行和右转合用车道 | 分向行驶车道 | 公交线路专用车道 |
| 表示车道的行驶方向。此标志设在导向车道以前适当位置。 | 表示车道的行驶方向。此标志设在导向车道以前适当位置。 | 表示车道的行驶方向。此标志设在导向车道以前适当位置。 | 表示该车道专供本线路行驶的公交车辆行驶。此标志设在进入该车道的起点及各交叉口入口处以前适当位置。 |
| 机动车行驶 | 机动车车道 | 非机动车行驶 | 非机动车车道 |
| 表示机动车行驶。此标志设在道路或车道的起点及交叉路口入口处前适当位置。 | 表示该道路或车道专供机动车行驶。此标志设在道路或车道的起点及交叉路口入口处前适当位置。 | 表示非机动车行驶。此标志设在道路或车道的起点及交叉路口入口处前适当位置。 | 表示该道路或车道专供非机动车行驶。此标志设在道路或车道的起点及交叉路口入口处前适当位置。 |

138

专家引路

（1）在过马路的时候要左看看右看看，没有车辆来往时才能过马路，过马路时还要注意一个方面，看到红绿灯要遵守红灯停，绿灯行。要做到一看灯，二看线，三看过往车辆。

（2）行人要走人行道，无人行道时靠路边行走。

（3）横穿马路要走过街设施或斑马线，按交通信号通行。不要从车前或车后突然穿行马路，防止来往车辆刹车不及酿成事故。

（4）行人不得跨越、倚坐道路隔离护栏灯隔离设施，不能闯红灯，不能在机动车中穿行兜售商品或乞讨，不准在机动车道路上滑滑板、旱冰、玩耍、踢球等。学龄儿童在街道或公路上行走要有成年人带领。禁止行人进入高速公路。

（5）雨天行走要调整好雨帽、雨伞的角度，看清来往车辆，小心通行，要警惕因雨天路滑，车辆难以刹住而导致意外；夜间过马路要尽量选择有灯光的地方，不要在路中间停留，严禁在车流中穿行，以防因车辆灯照盲区而发生意外。

139

# 八、驾驶非机动车的注意事项

安全事故

15岁的小明每天早上和小东一起骑自行车上学。某天早上，他们又像往常一样，高高兴兴地去上学，在路口，小明遇到了同学东东，于是就把东东带上了，让东东坐在自己的自行车尾座上，三人一路飞奔，你拉扯推，都显示自己技术娴熟，完全无视红绿灯。早上自行车道的车太多了，他们就沿着汽车车道的边沿骑着，不料，在一个十字路口，小明和东东的车被横过马路的公交车撞了个正着，两人由于闯红灯，都倒在了血泊之中。

 互动讨论

（1）看了这个故事是不是很有感触啊，因为这个马路上的行为也许曾经你也做过？

（2）对于这种小孩或者青年，允许独自骑车上学的年龄是多大呢？

（3）自行车、电动车等能载人上路吗？

（4）怎样才能提高孩子的交通意识呢？

（5）在自行车道路上骑车，我们应该注意些什么呢？

知识加油站

**1.骑自行车、电动车、三轮车注意事项。**

（1）自行车、电动车、三轮车应到车辆管理机关注册、办证和砸钢印。

（2）自行车、电动车、三轮车的车闸、车铃,必须保持有效；自行车、电动车、三轮车不准安装机械动力装置。

（3）须遵守交通信号、交通标志和交通标线的各种规定。

（4）车辆、行人须各行其道,自行车、电动车、三轮车要在非机动车道上行驶。当需要借机动车道或人行道通行时,应当让在机动车道内行驶的机动车辆或人行道内行走的行人优先通行。在没有划分中心线和机动车道与非机动车道的道路上,机动车在中间行驶,自行车、电动车、三轮车则要靠右边行驶,但不能紧靠右边的行人。

（5）醉酒的人不准驾驶自行车、电动车、三轮车。

（6）未满12岁的儿童,不准在道路上骑自行车、电动车、三轮车和推、拉人力车。

（7）转弯前须减速慢行,向后瞭望,伸手示意,不准突然猛拐。

（8）超越前车时,不准妨碍被超车辆的行驶。

（9）通过陡坡、横穿四条以上机动车道或途中车闸失效时,须下车推行。下车前须伸手上下摆动示意,不准妨碍后面车辆行驶。

（10）不准双手离把、攀扶其他车辆或手中持物。

（11）不准牵引车辆或被其他车辆牵引。

（12）不准扶身并行、互相追逐或曲折竞驶。

（13）大中城市市区不准骑自行车带人。

（14）驾驶三轮车不准并行。

（15）自行车、电动车、三轮车行经人行横道，遇有交通信号允许行人通过时，必须停车或减速让行；通过没有信号控制的人行横道时，必须注意避让往来行人。

（16）自行车、电动车、三轮车行经渡口时，必须服从渡口管理人员指挥，按指定地点依次待渡。

（17）自行车、电动车、三轮车行经漫水路或漫水桥时，必须停车查明水情，确认安全后，再低速通过。

（18）自行车、电动车、三轮车行经铁路道口时，必须遵守有关规定。

**2.骑自行车、三轮车通过交通信号、交通标志控制的交叉路口时，必须注意的交通事项。**

（1）在划有导向车道的路口，须按行进方向分道行驶。

（2）遇到放行信号时，须让先被放行的车辆或行人行驶。

（3）向右转弯遇有放行信号时，自行车、三轮车在非机动车道内能够转弯的，可以通行。

（4）遇有行进方向的路口交通阻塞时，自行车、三轮车不准进入路口。

（5）遇有停车信号时，须依次停在停止线以内；没有停止线的，则应停在路口外。

**3.骑自行车、三轮车通过没有交通信号或交通标志控制的路口时，必须注意的事项。**

（1）支路车要让干路车先行。

（2）支、干路不分的，自行车、三轮车要让机动车先行，同类车让右边的车先行。

（3）相对方向同类车相遇，左转弯的车要让直行或右转弯的车先行。

（4）进入环形路口的车要让已在路口内的车先行。

**4.自行车、三轮车的停放。**

（1）自行车、三轮车必须在规定的停车地点依次停放。

（2）不准在人行道和妨碍交通的地点到处乱停、乱放。

（3）自行车、三轮车停放后，必须及时上锁。

专家引路

143

### 驾驶非机动车注意事项

（1）请不要在高低坎坷的地方骑车，这样会导致车架，车圈变形和爆胎；变形的零件一定要及时更换。

（2）关系到刹车功能的部位，如车圈、闸皮和闸轮等绝对禁止沾油，不能用油布擦拭。

（3）交通规则中绝对禁止骑车带人。

（4）单手脱把甚至双手脱把骑行容易造成事故，特别是雨天。绝对不可一手执伞，一手握把骑行。

（5）道路交叉点是事故的多发地段，左转弯时尤其要注意。

（6）每天出发以前要检查一遍车子，骑车时注意路面上的铁钉，玻璃碎屑等物，避免戳破车胎。

（7）注意不要急速转弯，超车或S行骑车，这样身体容易失去平衡,非常危险。初学者一定要先在空地或广场上练习熟练后再上公路骑车。

(8)紧急刹车原则上应该先刹后轮,再刹前轮,或前后同时刹。如果单刹前轮,骑车会被向前抛;单刹后轮的话,车子会打横,所以必须非常小心。

(9)雨雪天气骑行应意识到制动距离的增加,请注意骑速和安全距离。

(1)看完这些,我们是不是应该做一个出行计划呢?

(2)如果你的朋友当中还有犯这种错误的人,你就可以当众给他指出来,并给予纠正,如果能遵守这些交通规则,你的安全指数又高了一层。

### 自行车出游小贴士

由于自行车是旅游中的主要交通工具,所以旅游舒适与自行车的好坏,有着直接密切的关系。自行车旅游也可分成普通自行车旅游和特殊自行车旅游。前者选用一般的加重型或标定型自行车,后者可选用特制的赛车、山地车等。出发前要携带最常用的修理工具,以备发生故障时及时修理。同时配备好头盔、手套、骑车服、袜子、鞋、座垫袋等物品。自行车旅游时应选择平坦、易于通行的道路，尽量避免去坡道、土道。

自行车出游选好线路

145

# 九、一些常见的城市、农村和山区的交通安全知识

目前农村面貌发生了翻天覆地的变化，一条条通向城市的"致富路"在村民的期盼中开工通行，一台台车辆被农家购进或代步或运输，"日出而作、日落而息"的农民们开始了频繁地交通活动。由于广大农民朋友忽视了安全意识的提高，加之农村道路的交通安全监管被忽略，造成了"无牌无证车上路行驶、无证驾车、摩托车严重超员、农用车载客、报废车上路"等严重交通违法行为，导致交通事故发案率居高不下，这已成为影响道路交通安全的一个重要因素。

农村交通道路现状

安全事故

　　小明的爷爷奶奶住在乡下,每逢过节,全家人都要回家和两位老人一起庆祝庆祝,当然,每次都是爸爸开车。回爷爷奶奶家要经过很长很长的一段山路,道路很崎岖,弯多坡陡,还有一段沿河路,每次回家小明都像是到了世外桃源一样格外兴奋。在一次回家途中,前面一个拐弯处道路堵住了不说,还有好多人围在那里看,原来是出车祸了。一辆三轮车拉着一车的乘客和一辆拉着石子的卡车相撞了,三轮车上的人全部撞到水沟里了,车也撞得面目全非,有多人受伤。卡车前面也是撞烂了好大一块,但是卡车司机没事。唯一的交通要道被堵住了,没办法,只有等着交警疏通了再走。农村的交警处理速度实在是太慢了,等了2个多小时,才来了几个警察,救护车还没有到,流血过多的人都是用摩托车送去医院的。经过一番理论和协调,双方都有责任,卡车司机没有驾驶证,而三轮车不能载客。最后双方达成共识,疏通了交通堵塞。

互动讨论

(1)你有没有觉得农村交通事故比城市里的交通事故较难处理呢?

(2)从上面的案例,你能概括出农村交通事故的主要原因吗?

(3)无证驾驶,应该受到怎样的处罚呢?

(4)你能总结几点山路驾驶技巧吗?

147

知识加油站

### 农村交通肇事案件发生的主要原因

山区道路的特点是山高、坡陡、坡长、弯多弯急、道路狭窄、视线不佳,因此,道路交通事故特别是群死群伤特大恶性翻车事故大多发生在山区。据统计,全国每年约有7万人死于交通事故,属山区道路特大恶性事故造成的竟达20%之多,给国家、集体和人民群众生命财产造成了惨重的损失。

山区道路条件差、驾驶员不适应,是造成交通事故的客观因素。山区公路不同于一般公路,由于山高、坡陡、弯多弯急、

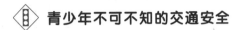 

道路狭窄、险点多这些复杂多变的情况,容易造成驾驶员知觉延误,加之车辆在弯道行驶,受离心力作用容易倾翻,车辆在陡坡上行驶稳定性变差,要求驾驶员驾车时思想必须高度集中,严格控制车速。

(1)"村村通"公路狭窄,通行条件差。很多"村村通"公路只有 3.5 米宽,最狭窄的地方仅有 2 米,路窄、弯多、坡陡成为通村公路特色,造成通行条件差,危险路段多,事故易发生。

(2)群众安全意识差,农用车违规搭载人。农村专用交通车辆较少,群众出行不便,为图方便,许多群众搭载农用车,且"村村通"公路无交通警察约束,农用车违规搭载人员较为普遍。如一辆农用三轮车搭载 12 人,在过河时被洪水冲翻,造成5 人死亡。

(3)农用车司机培训不到位。农民司机没有经过系统的交通规则培训的较多,特别是一些农用车和两轮摩托车驾驶员,只知道把车开动,连最基本的安全常识都不知道。

(4)农用车辆和乡村公路管理薄弱。部分农民因财力有限,盲目购买陈旧价廉安全性能差的车辆,无视车辆安全。

 专家引路

(1)千万不要乘坐拖拉机出行。

(2)不要骑车时攀扶机动车。

(3)不要一手扶把,一手提物骑自行车。

(4)转弯之前要减速,高速转弯太危险。

(5)骑乘摩托车,必须戴安全头盔。

(6)主支路口车相遇,支路车让主路车。

(1)在乡村道路上开车,你会在欣赏乡村美景地同时不注意交通规则吗?

(2)从某种意义上讲,农村交通的现状跟当地的发展水平有关,你认为应该怎样改善当地的交通环境呢?

(3)在乡村道路上开车,你知道要注意些什么吗?

149

### 山区道路安全驾驶知识

1.山路的特点

山区道路大多依山傍水而建,有些盘山绕行,有些临崖靠涧,道路坡长弯急,穿洞过栈。

2.进入山区道路前的准备

充足的物品准备(随车工具、防雨防滑设备等);车辆的检查;了解山区气候;确定最佳行车路线;注意休息。

3.山区道路的驾驶原则

山区道路的交通动态同平原及市区的交通动态差别很大,路上经常有担货行人、放牧人、运木车辆等,加之道路崎岖,坡陡弯多,所以,驾车进入山区道路后,要特别注意主动避让,适时减速和提前鸣喇叭。

4.陡坡驾驶

(1)短而陡的坡道

首先要观察好坡道情况,在确保安全的条件下,尽量采用冲坡法,即在驶近坡顶时提前松开加速踏板,利用车的惯性冲过坡顶,以便控制车速,防止对面的视线盲区突然出现车辆而措手不及。

(2)长坡驾驶

上长坡时要提前观察路况、坡道长度,使车辆保持充足的动力;下长坡时,要适当控制车速,多减一档,充分利用发动机的制动作用;上坡急转弯时,要时刻注视弯道处突然出现车辆,接近弯道时减速靠右行驶。

(3)下长坡制动突然失灵时的应急措施

连续地急踏制动踏板;及早由高档换入低档,利用发动机制动;采取驻车制动(手制动);在并用手制动和发动机制动的情况下,车辆仍停不住时,最后的办法是将车向山体或路边沙石堆冲去,使之停下。

5.山路弯道驾驶

通过山路弯道时,要按照"减速、鸣喇叭、靠右行"的规则,提前降低车速,尽可能降低一级档位,以保持充足的动力;避免在转弯时换档,以确保双手能有效地控制转向盘。

6.山道跟车、超车、会车

(1)跟车:与前车一定要适当加大安全距离;视线不清、路段情况不明时要加大跟车距离。

(2)超车:要尽量选择宽敞地段、开转向灯、提前鸣喇叭,不得强超;在有禁止超车标志或法规不允许超车的路段,严禁超车。

（3）会车：应主动选择安全地段减速或停车与来车会车。

## 7.山区险路驾驶的原则

（1）上下坡保持匀速；下急坡要多减一档；悬崖路段会车，要给对向来车留出通道；慎防路肩坍塌，必要时下车察看；下陡坡切忌超车；加大车间纵向距离。

（2）在有积雪覆盖的险恶山路上驾驶，要根据地形和标志等进行判断，路上有车辙时，应顺车辙慢速行驶，或跟前车缓缓行驶。

（3）在傍山险路的沙土路上会车时，要主动减速，以防对向来车的扬尘阻碍视线而造成刮擦事故。

## 8.隧道驾驶

山区隧道有单向行驶隧道和双向行驶隧道。隧道内一般都比较狭窄、黑暗，有时路面湿滑；较短的隧道可从入口看到出口，而较长的隧道或中途有弯的隧道则从入口无法看到出口；有的隧道在入口处设有信号灯，只有当绿色信号灯亮时，车辆方可驶入。

（1）单向行驶隧道的驾驶

要通过仅能单向车行驶的窄隧道时，应提前减速，观察对方有无对向来车，确认安全方可通过；如发现对向有来车时，应及时在隧道口外靠右停让，待来车通过或见放行信号时，再驶入隧道；如遇有信号灯控制的隧道时，应严格遵守红灯停车，绿灯通行的原则。

（2）双向行驶隧道的驾驶

驶入前，应打开示宽灯或近光灯，靠右侧行驶，注意与对向来车的安全会车；在双行隧道内行驶，应注意会车，并加大车辆的侧向间距；切不可在会车时使用远光灯，在隧道内尽量避免使用喇叭。特别是在距离长、车流量较大的隧道内，鸣喇叭会增大隧道内噪声。

（3）注意隧道出口的横风

当汽车行驶在隧道的出口和凿开的山路出口处，经常会突然受到横向吹来的风的袭击，车辆就会明显出现方向偏移，有方向失控的感觉。此刻即使想拨正方向打转向盘，也感觉不起作用。

正确的要领是：出口前要有预见，一定要降低车速，握稳转向盘，即使车俩出现偏移也要镇静。慢慢修正转向盘是最重要的，这样，汽车就可以抵挡住横向吹来的风。

隧道交通事故

# 十、环境与交通安全

**安全事故**

在一山区道路中有一处越岭公路断口,此时正值春节期间,何峰和朋友开着车正行驶在回家的路上,由于回家心切,何峰不知不觉间加快了车速。此时,对面一辆小轿车从相反的方向疾驰而来。由于左右相对而来的车辆车速较快,且视距较短,当何峰发现驶来的车辆时,已经来不及避让,两车发生了相撞事故。

153

**互动讨论**

(1)在山区道路中开车时应注意些什么?

(2)如果你在山区道路中行走,应该注意些什么?

**知识加油站**

交通环境是作用于道路交通参与者的所有外界影响与力量的总和。包括道路状况、交通设施、地物地貌、气象条件,以及其他交通参与者的交通活动等。

### 1.道路环境

它是一种以道路为中心的物的环境,如道路构造、道路宽窄、路面质量(是水泥铺装还是柏油铺装)、车行道和人行道是否分离、道路中心是否有分离带、道路平曲线和纵曲线特征以及路侧是否有建筑物和其他工作物等。这种交通环境其所以称为物的环境,是因为对驾驶员来说是用一种结构物来规定限制驾驶员的驾驶行动。比如作为快慢车道分离的水泥墩,人们用这种结构来规定或限制驾驶员的驾驶行动。

### 2.驾驶环境

它是一种物的环境,又称车辆环境。比如,开车时光线明暗,气候冷暖,车内是否噪声严重,驾驶室座位是否舒适、安全,这是一种安全行车的不可忽视的交通环境,车辆环境之所以也称为物的环境,是因为像光线、气候和驾驶室座位等都直接对驾驶员的驾驶行动起作用,而不要预先由人们赋予它什么意义。

### 3.意义性交通环境

如交通安全设施、交通信号、交通标线和路面交通标示等。这些看起来是物的环境,但往往是人们赋予它一定的意义后才被称为交通环境而对交通起作用。比如,在道路中心划的黄线本来是由无任何约束力的物质(油漆涂料)所构成,但人们通过交通法赋予这条黄线起交通分离作用的意义后,驾驶员才认识到压黄线是一种违法行为。又比如交通信号灯的红灯,本来是一种无任何约束意义的光,但根据交通法规定它是一种禁行信号(对于右转弯车辆,在不妨碍直行车辆通行的情况下可以通行),这时的红灯才对交通起作用。因此,这一类的交通环境称为意义性交通环境。作为意义性交通环境的交通安全设施、交通信号、交通标志和路面交通标示等,它们本身处于静态交通环境。

### 4.社会性交通环境

道路上的交通参与者如驾驶员、骑自行车人和行人等,他们之间的相互关系直接影响驾驶员行动而构成社会性交通环境。社会性交通环境与物的环境的根本区别在于前者是作为交通主体的人所形成的交通环境,因此又叫人的环境。由于在道路上人们的活动总是处于运动状态,因而这种人的环境又称动态交通环境。

专家引路

走路的礼仪要求:(1)按照交通指示灯和标志、标线行走;(2)应当请年长者、女士和未成年人走在离机动车道较远的内侧;(3)多人并行应主动避让他人。

骑自行车的礼仪要求:(1)自觉遵守道路交通安全法规、交通信号和交通标志;(2)礼让行人,红灯不越线,黄灯不抢行;(3)进出有人值守的大门,下车推行,以示尊重;(4)拐弯前先做手势示意。

乘坐公交车的礼仪要求:(1)排队候车,先下后上,礼让妇女、老人和孩子先上车;(2)听从司乘人员的引导;(3)主动给老人、病人、残疾人、孕妇和带小孩的乘客让座;(4)保持车厢和站

155

点的环境卫生；雨雪天，妥善放置所携雨具，以免影响他人；（5）后下车的乘客应主动给先下车的乘客让道。

驾驶机动车的礼仪要求：（1）自觉遵守道路交通安全法规、交通信号和交通标志；（2）保持车身整洁；（3）不抢道，不抢行，不斗气，不做猛拐、来回穿插、别车等危险动作，遇车队、非机动车或行人时，主动礼让；（4）雨天驾驶或趟过路面积水时，应缓慢行驶，防止把水溅至路人身上；（5）夜间会车时，应主动转换成近光灯；（6）不向车窗外吐痰或抛掷杂物；（7）在允许或指定区域停放车辆。在没有明确禁鸣喇叭的区域，也应尽量少按、轻按喇叭，不应长时间按喇叭。

机动车座次安排礼仪：（1）乘坐小轿车：如果是专职司机驾车，则贵宾专座应为后排右座，后排左座次之；如果是朋友亲自驾车，客人应坐在副驾驶位置以示对主人的尊重；（2）乘坐出租车：客人数量不满三人时，应坐在后排；（3）乘坐大巴、中巴或面包车：以司机后面的座位最为尊贵，后面座位的尊贵程度从前往后依次降低。

我来体验

你在道路上行走或是乘坐交通工具时，有注意周围的环境情况吗？

 小贴士

　　雨天行车,由于道路条件变差,给交通安全带来很多困难。

　　(1)雨天路滑,要正确制动。刚下雨的头几分钟,对于安全行车来说,这个时间是最危险的,因为刚下雨时,尤其下毛毛雨不久,雨水和路面上的积土、油污、轮胎橡胶沫混合,形成润滑剂,使路面非常滑溜,轮胎与路面的附着力减至最小,最容易滑胎,这时行车应该降低车速,要特别注意不能急刹车。

　　(2)雨天驾驶员的视线受阻,要保持足够的安全距离。下雨时可视距离大大缩短,能见度大大降低。为了适应这种情况,驾驶员一定要适当降低行车速度,增加跟车距离,最好给前挡风玻璃上些蜡,这样可以在玻璃表面形成蜡膜,雨刮器扫水会非常彻底,还可以保护玻璃。同时要打开汽车前灯,特别是在下大雨时应开灯行驶。

　　(3)雨天其他交通参与者的行为异常,驾驶员思想要高度集中。在雨中许多行人过马路时往往是低头猛跑或埋头急奔,忽视了来往的车辆。还有穿雨衣骑自行车的人,由于雨帽遮盖了他们的耳朵,加上雨点声的干扰,使他们听不见汽车的声音,容易发生交通事故。

# 第四篇
# 有效预防我先知
## ——交通意外的预防

根据疾病预防健康促进卫生委员会的一项调查，我国0至14岁的儿童意外伤害死因中，交通伤害位列第二。我国学生交通事故形势不容乐观，少年儿童交通事故的发生不仅给孩子们带来灾难，也给他们的父母及其家庭造成巨大的痛苦。调查发现，交通意识薄弱是一个主要原因，交通事故已成为造成青少年意外伤害的"第二杀手"，加强对中小学生的交通安全教育，让孩子掌握必要的交通安全常识，已是当务之急。

# 一、对儿童的交通安全教育

安全事故

　　九月的一天，阳光灿烂、鸟儿飞翔、树叶摇摆。聪聪、明明和昌昌几个小伙伴一起来到了小区外面的马路上玩耍，聪聪骑来了爸爸给他新买的儿童自行车，欢快地在路上骑来骑去，明明在和几个小伙伴玩踢球，你来我往，大家玩得不亦乐乎，小区门口停放了很多私家小轿车，几个小朋友还时不时地跑过去在小轿车周边玩闹，时而打闹、时而追逐，有的小朋友还钻到车子底下爬来爬去，整个场面真的是一团混乱，这时，马路对面飞驰过来几辆汽车，速度很快，此时，聪聪还在马路上骑着自行车玩闹、明明还在踢足球，几个伙伴也在马路上来回奔跑。突然，其中一辆小轿车迎面开过来，速度很快，聪聪、明明和几个小伙伴来不及躲避,砰砰砰……聪聪的自行车和小轿车撞在了一起,明明和周边的小朋友被后面紧急刹车的小轿车碰到,情况非常紧急。幸好,伤势较轻的昌昌及时找到小区保安把受伤的小朋友送到了医院救治,聪聪伤势较重,其他的小朋友还好都是皮外伤,事后,警察叫来了家长和肇事司机,对案件进行了处理和赔偿工作。

**互动讨论**

(1)当时昌昌的做法正确吗?

(2)遇到这样的交通事故你能够第一时间做出正确的反应吗?

(3)如何识别汽车交通事故的轻重级别以及是否需要报警处理?

(4)如何准确无误地请求救援?

(5)如何进行正确的交通事故善后处理?

**知识加油站**

儿童天真活泼,好奇心强,敢动敢玩,但自控能力和应变能力较差,遇到紧急情况难于应付,因而发生交通意外事故的机率较大,往往要高于成人好几倍。特别要教育好没有大人携带的儿童,在交通道路上行走时,要有危险意识,时时防范意外发生。这是老师、家长、朋友不能忘记的责任。预防儿童交通意外事故,主要应从如下几个方面着手。

(1)幼儿园、小学要增设交通安全课程,让儿童懂得一些交通安全知识,熟悉各种交通信号和标志,使之能做到自觉遵守交通规则。

(2)要教育儿童不要在街道上、马路上踢球、溜旱冰、追逐打闹以及学骑自行车等。不要穿越高速公路上的护栏,也不要跨越街上的护栏和隔离墩。同时也要教育儿童不要在铁路轨道上行走、玩耍。

(3)年龄较小的儿童过马路时,应该由成人带领。小学生上下学时,不可多人横排行走,不要互相推搡打闹,应该在人行道上行走;过马路时应看清指示信号,不可不看信号灯而猛跑。城郊及农村没有人行道,儿童过马路时应左看右看,车来让道,不要突然横穿马路。另外,儿童在街上和马路上行走时,不要埋头看书或玩玩具,以免发生意外。

(4)要教育儿童不要在汽车、拖拉机、摩托车上乱摸乱动,也不要在汽车、拖拉机下面玩耍或睡觉。汽车、拖拉机司机在开车前,应注意检查车底下是否有儿童躲在下面。另外,汽车、拖拉机司机在倒车时不可盲目倒车,应下车看看车辆后面是否有儿童。因为儿童的个头不高,往往易被车厢板挡住,极易发生车祸。

(5)要教育儿童无论是坐公共汽车还是其他车辆,都应该坐稳,不可在车厢内跑来跑去。不要坐在卡车的车厢栏板和货堆顶上,以免急刹车时掉下来发生意外。儿童上下车时要注意待车停稳后再上下。汽车行驶时,不要将头、手臂伸出窗外。

乘坐小车的儿童,一定要系好安全带。若不系安全带,小车突然急刹车,容易撞伤,伤势严重者还会有生命危险。

专家引路

聪聪在马路上骑自行车的行为是十分危险的,并且在骑自行车的时候没有观看道路信号灯,这样的行为是极易引起交通事故的。明明和小朋友们在马路附近玩足球也是十分危险的行为,这群小朋友们都只顾玩耍,没有观看道路交通情况,有些小朋友甚至在私家车下面钻来钻去,这些行为都是不正确的,同时也是危及自己安全的。儿童要加强交通安全意识的培养,下面几个方面要注意:

(1)过铁道口时,要看清信号灯,不可盲目通过。当火车通过铁道口时,要站在离铁轨 5 米以外处,不要靠得太近。因为离得太近,快速行驶的火车产生的风力可将人刮进轨道里,很危险。等火车通过后方能通过铁路道口。

(2)骑自行车的儿童,应遵守交通规则,不要骑车带人。骑车要注意靠右侧行驶,不要在机动车道上行驶。不要两人并肩右侧行驶,不要在马路上你追我赶。骑车时不要双手离把要威风。下雨下雪天,儿童最好不要骑自行车,以免滑倒发生意外。要经常检查自行车的车铃、车刹、反射器是否有故障。若有故障应及时修理或更新。骑车时,不要扒车、追车,也不要骑着自行车抓住行驶的车辆。否则,一旦车辆急刹车或急转变时,易发生车祸。

164

（3）不要突然从汽车的前面跑过去。在街上行走时,也不要突然从汽车后面跑过去,以避免和来往的车辆相撞而造成意外伤害。

（1）现在你知道儿童在马路上肆意玩耍的危害吗?

（2）你能回答儿童注意交通安全应从哪些方面做起吗?

（3）发生交通意外的时候,你知道要做出怎样正确的反应吗?

儿童是祖国的花朵,是家庭的希望,所以,儿童的交通安全教育就显得尤为重要,下面是安全小贴士,希望各位小朋友和家长能够谨记。

为了保证儿童的生命安全,家长们应注意其子女的穿着打扮。例如给儿童戴上黄色或红色的帽子,红色的上衣或裤子,背上红色的书包等。其目的是提醒司机的注意,这样可减少意外事故的发生。

# 二、对儿童的交通安全管理

孩子是我们的希望和未来,每一个家长都会在孩子身上倾注全部的心血,用心呵护孩子的健康成长。然而,导致儿童受伤的交通事故仍然在我们身边不断地发生。

据统计,每年中国有超过 1.85 万名 14 岁以下儿童死于道路交通事故,儿童因交通事故的死亡率是欧洲的 2.5 倍,美国的 2.6 倍。在所有儿童交通意外中,超过四分之三的孩子是在道路上受伤的。交通管理部门分析儿童发生道路交通意外主要有两种情况:儿童突然出现在机动车道上,或儿童从车前或车后突然窜出。在儿童事故中,其中约半数是因为儿童自身违法行为而引起。中午和下午放学时段是事故的高发时段,且事故一般发生在步行、骑车及乘车时。

那么,我们应当如何照顾和看管好自己或是周围的孩子,让他们远离交通事故呢? 这就需要加强对儿童的交通安全管理。

安全事故

星期一早晨,小明和大鹏骑着自行车一块去上学,小明在自行车道上骑着,大鹏却在车行道上奔着,他俩一边骑,一边喊,不断地向前冲,看谁先到学校。到了一个红绿灯的地方,遇到了红灯,小明刹了下来,而大鹏为了赶时间,直接冲过去,而

166

且没有丝毫的减速。不料，一辆横穿马路的货车急忙刹车，但是还是晚了，直接将大鹏撞出了五六米远，大鹏当场倒在了血泊之中。看到这种情形，小明顿时吓坏了，急忙拨打 120 急救电话，并马上通知了交警。

167

互动讨论

（1）红灯停、绿灯行，自行车走自行车道、汽车走汽车道……这些常识你知道吗？

（2）你曾经为了赶时间闯过红灯吗？

（3）小的时候，都曾骑自行车比赛过，但是不遵守交通规则的比赛，你参加过吗？

知识加油站

两个小朋友的行为都是十分危险的,不遵守交通规则,连最基本的交通常识都没有,下面介绍一些基本的交通常识,望各位小朋友谨记,防止意外的发生。

**1.行走须知**

(1)行人须在人行道内行走,没有人行道的要靠路边行走;

(2)行人不准在车行道上追逐、猛跑,不准在车辆临近时突然猛拐横穿;

(3)不准在道路上扒车、追车,不准强行拦车或抛物击车;

(4)不准在公路上玩耍、嬉闹;

(5)学龄前儿童在街道或公路上行走,须有成年人带领。

**2.乘车须知**

(1)不准在道路中间招呼车辆;

(2)机动车在行驶中不准将身体的任何部位伸出窗外;

(3)乘车时,不准站立,不准在车内吃东西;

(4)不强行上下车,做到先下后上,候车要排队,按秩序上车;下车后要等车辆开走后再行走,如要穿越马路,一定要确保安全的情况下穿行;

(5)不乘坐超载车辆,不乘坐无载客许可证、驾驶证的车辆。

专家引路

### 学龄儿童的交通安全教育与管理

教育能提高人的意识，意识能改变人的行为，行为决定了后果。交通安全教育是解决交通事故的根本途径。只有具有交通安全知识和自我防卫意识，才能确保交通的安全。此项工作可从系统教育和强化教育两方面来做。在系统教育上学校可以给每个学生分发《交通安全教育手册》，定期开展交通安全教育，学习交通安全知识。在强化教育上采取"交通安全活动周"的形式，在活动周内重点抓以下几项内容：

（1）请交通安全的专业人员（如交警、交通安全宣传员等）到课堂给学生讲授有关交通安全的专业知识，提醒学生在参与交通时应注意的事项。并及时进行交通安全知识考核，其成绩与三好学生的评定挂钩。

（2）给学生播放一些交通事故录像，通过惨烈的场景、悲痛的画面，让学生从中吸取教训，提醒自己过马路时千万注意安全，遵守交通规则，不做"马路小英雄"。

（3）举行交通事故演讲活动。演讲内容可以是身边的事，也可以是听闻的事，还可以是一些发生在我们耳熟能详的人物身上的事。比如：伟大的战士——雷锋、人民的好公仆——孔繁森、《还珠格格》中"香妃"的扮演者——刘丹等都是死于交通事故。通过对事故的描述，清楚了解事故发生的原因，从而学习有关知识。

(4)安排交通意外模拟训练。主要内容是学习如何应付紧急事故,学会自救与他救的能力(如人工呼吸、止血、简单包扎、向外界求援等能力)。

教育提高了学生的自觉性,但还需要良好的管理来保障其安全。学校可以从下面两个方面来落实。

(1)建立交通安全小分队,由校长牵头,主抓交通安全的若干教师负责,各班班长或宣传委员为骨干,有兴趣并有一定活动能力的学生为成员建立一支交通安全小分队。定期举办相关活动,经常在校园中巡逻并进行交通安全知识的宣传,时刻提醒同学们注意交通安全。

(2)上学和放学时,在路口安排一位值日教师(或交警)和值日学生(也可由家长协会成员或自愿者来担任),身穿橙色马夹,戴上红色手套,为学生的安全过街"发号施令"(必要时用口哨)。学生过街时成立小方队,手拿黄色小旗或者头戴黄色小帽,也可佩戴斜披在肩上的彩色绶带等作为警示信号。夜晚过街时要佩戴反光袖章或背反光的书包以加强醒目性。

在乘车的过程中,你是否会更加谨慎、小心呢?也许你会为曾经的莽撞和不遵守交通规则感到内疚,不过不要紧,只要从自己做起,从小事做起,以身作则,不但会减少自身发生交通事故的可能,也会给那些长期不遵守交通规则的人在无形中增加压力,促进社会道德的提高,有利于社会进步。

**骑车小贴士**

（1）未满十二周岁的儿童不准在道路上骑自行车、三轮车；

（2）拐弯前须减速慢行，向后瞭望，伸手示意，不准突然拐弯；

（3）不准双手离把，不准攀扶其他车辆或手中持物；

（4）不准车辆并行、互相追逐或曲折竞驶；

（5）要经常检查车子性能，响铃、刹车或其他部件有问题时不能骑车，应及时修理；

（6）不准撑伞骑车，不准骑车带人；

（7）不准在道路上学骑车；

（8）不准在车行道上停车或与机动车争道抢行。

171

正确的把手宽度　　　　把手宽度不可过宽　　　　把手宽度不可过窄

**骑车正确姿势**

# 三、加强家长的交通安全意识

安全事故

　　周末,小强一家人驾车去郊游,从家门口出发的时候,奶奶让小强坐在副驾驶的位置上,妈妈不同意,妈妈要小强坐在后面的座位上,后来,奶奶坐在了副驾驶的位置上,小强、爸爸、妈妈、奶奶一家人高高兴兴的出门去郊游了。

　　一路上,一家人在车上有说有笑,时不时还笑得前仰后合,负责开车的小强爸爸也和家人聊得很开心,似乎心思都放在和家人开心地聊天中,忽略了路况,就在这时,在一个马路的拐角处,一个十几岁的小朋友骑自行车冲出来,小强爸爸还没有从聊天的氛围中反应过来,眼看着马上就要撞到那个骑自行车的小男孩了,小强爸爸一个急刹车,坐在后座的小强因为没有系安全带而往前冲,头部、手臂和腿部都撞伤了,而由于刹车过晚,距离太近,那个骑自行车的小男孩也撞倒在地,一滩血顿时染红了那坚硬的柏油马路。

本来是高高兴兴的星期天去郊游,就这样变成了悲剧,小强和爸爸以及被撞的小男孩都受伤送进了医院。

**互动讨论**

(1)对于儿童乘车坐在哪里的问题,小强奶奶的建议正确吗?

(2)遇到这样的紧急情况你能够第一时间做出正确的反应吗?

(3)作为家长,爸爸的做法正确吗?

(4)妈妈和奶奶应该在爸爸开车的时候与爸爸聊天吗?

(5)如何正确安排小强的座位?

**知识加油站**

据统计,2004 年我国共发生道路交通事故 51.79 万起,造成 10.7 万多人死亡,48.09 万人受伤,直接经济损失 24.1 亿元。在道路交通事故中,与儿童有关的占15%左右。

这说明,儿童参与交通越来越频繁,非常容易受到伤害。当今时代,交通更多更深地渗透到儿童的日常生活中,如家长送孩子去幼儿园、探望爷爷奶奶、购物、上餐馆、外出游玩等等。在这些活动过程中,一般都有家长及亲属陪同。儿童由于年幼无知,缺乏交通安全知识,自我保护的意识和能力差等,作为监护人的父母就需承担教育和保护责任。

儿童可以通过制作路队旗、小黄帽,强化安全意识、培养遵法守法意识,提高自我保护能力。

交通道路小红帽

机动车驾驶人要严格遵守《道路交通安全法》,培养良好的道德习惯。特别是在驾驶机动车辆时,注意道路两边儿童的动向,增强道路交通安全预见性;在行经交叉路口时,减速行驶,遇儿童过人行横道时,停车让行,儿童上下车辆时,紧靠道路右侧,待车辆停靠后,开启右侧车门。

儿童交通安全涉及千家万户,关系到每个家庭的幸福,儿童的健康成长是每个家庭的寄托,是全社会殷切的期望,关爱儿童,关注儿童交通安全,是我们共同的责任。

研究表明,父母通常认为他们的孩子在路上的应急能力很强,但实际上并非如此。为了孩子步行和乘车时的安全,下面提供几个指导建议:

(1)从孩子能在人行道上行走的时候就应该教育他,只有抓紧大人手的时候才能离开人行道。

(2)无论学龄前儿童什么时候在户外活动,都必须有人看护。要确保他们不在机动车道和马路上玩耍。

(3)要把穿越马路的规则一遍又一遍地讲给5岁~9岁的儿童听。在带他们过马路的时候,要给他们示范安全通过人行横道的规则,并讲解交通信号灯和人行横道线的作用,以及过马路前为什么要先看左边,后看右边,然后再看左边的重要性。甚至还要告诉他们什么时候信号灯对他们通行有利,以及什么时候是过人行横道线的最佳时机等。然而,最使父母为难的是,他们很难向孩子解释清楚为什么有些司机经常闯红灯,因此,有时人行横道线上也不是安全地带。三分之一的孩子在交通事故中受伤都是发生在标有斑马线的人行横道线上!要和孩子一起在附近找块安全地带玩耍,还要不厌其烦地告诫孩子,无论游戏多么有趣,都不可以到马路上玩耍。

(4)要考虑一下孩子经常经过的地方,特别是从家到学校的道路,去操场的道路以及去伙伴家的道路。家长可以像探险家一样先和孩子一起走一趟,并确定一条最安全和最容易横过马路的路线。然后向他交代清楚,他只能走这条最安全的线路。

(5)要找时间关心社区的安全问题。要查明孩子上下学的道路上是否有足够的交通信号灯和路口警察。如果学校刚建成,就应该调查一下所在地的交通情况:那里是否有足够的人行道、路灯和路口警察。

(6)在停车场里的时候要特别当心那些刚学会走路的孩子。一定要让他们抓紧大人的手。当你往车里放行李的时候,一定要将孩子放在车里。

加强家长安全意识

(7)美国一项研究结果指出。把儿童的安全椅置于后车座的中间,能使他们在车祸中的受伤风险降低近一半。

宾夕法尼亚大学和费城儿童医院的研究人员发现,车祸发生时,41％的儿童安全椅置于后车座右座,31％置于左座,只有28％的安全椅被固定在车座中间。研究结果显示,与左右两边位置相比,放置于中间位置的儿童在车祸中受伤的机率下降43％。分析认为,孩子放在后座中间,能更好地避免车子侧面碰撞或突然减速情况下带来的伤害。

另外,专家强调儿童乘车禁用成人安全带,轿车中部必须配有儿童专用的约束系统(包括安全座椅、安全带、便携婴儿床等)。

儿童汽车安全措施:

(1)儿童安全门锁。儿童因为好动,有可能趁家长不注意,在行车途中打开车门从而造成危险。汽车配备的儿童安全门锁,可以避免行车中因儿童误开车门而造成危险的可能。

(2)高度可调节的安全带。在车辆发生事故时,安全带的自动卷扬机会立即收紧安全带,提供给乘坐人员最大的保护,但是由于儿童身材矮小,直接为儿童佩戴成人安全带极有可能对儿童颈部造成伤害。汽车配备的高度可调节的安全带,可以根据儿童的身材大小调节高度,避免儿童在碰撞发生的时候被安全带勒伤。

(3)儿童座椅固定装置。儿童安全座椅是保护儿童最有效的方法,而实际上许多儿童安全座椅是需要与儿童座椅固定装置配套使用的。令人遗憾的是,我国市场上的车型却很少配备这一装置,给儿童安全座椅的安装增加了难度,这也是许多家长不用儿童安全座椅的一个重要原因。(提示:不坐副驾驶位子。副驾驶是汽车上最危险的位置,儿童在这个位置上不仅遇到事故时受损害大,而且儿童的好动性还可能干扰正常驾驶诱发事故。)

177

（4）一人一个座位。儿童需要有属于自己的座位，不要坐在成年人腿上。

（5）使用安全装置。正确使用安全带、儿童安全坐椅、增高坐垫等安全装置，可以大幅度降低儿童受伤机率，但后向式儿童安全坐椅不能设置在配有乘客安全气囊的前座上。

（6）座位安排。成人对儿童乘车安全存在着严重的误区。根据来自新浪网网友的调查问卷显示，有 75.66％的汽车内没有安装儿童安全座椅；有 39.95％的家长都曾经让孩子坐在危险的副驾驶位置；有 43.12％的家长认为乘车时由母亲怀抱或坐在成人腿上是对儿童有效的保护；有 10.05％的驾驶员认为安全气囊是对儿童乘车的有效保护。然而事实并非如此。同时，专家提醒，12 岁以下的儿童应严格按照规定坐在后排。如果儿童坐在后排，无论汽车是否有气囊，致命伤都会减少 1/3。

日前，大陆汽车俱乐部与清华大学汽车碰撞试验室进行了名为"关注儿童乘坐安全"的儿童乘车安全试验。此次试验是针对大多数驾驶员在儿童乘车安全方面的误区，运用直观的试验和精确的数据诠释了重视儿童乘车安全的重要性和紧迫性，提醒广大家长要使用儿童专用的乘车安全装置，12 岁以下的儿童必须坐在汽车后座。

（7）碰撞产生巨大冲力。在乘车时，很多家长都喜欢把孩子抱在怀中或者让其坐在自己的腿上，他们认为，这是最为有效的保护方法。而实际上，即使在慢速行驶下，一旦发生紧急刹车情况，这种方法根本起不到保护作用。

根据试验数据显示，汽车以时速 56km/h 行驶紧急刹车时，母亲抱住一个 3 岁大、体重为 12 公斤的孩子需要 150 公斤的力，这一力量是孩子体重的 12 倍多，显然这样大的力母亲是无法使出的。若在速度变为 70km/h、孩子体重为 18 公斤的情况下,这一力量将达到 250 多公斤。如果此时不对儿童实施相应的保护措施,他(她)必将从母亲怀中飞出,造成严重的后果。

(8)安全气囊是儿童乘客杀手。若儿童坐在装有安全气囊的副驾驶位置,安全气囊打开时,会在释放气体时产生很大的力。无论碰撞激烈还是缓和,气囊都会以大约 300km/h 的速度打开。这使得儿童承担着足以窒息的风险。此外,在这种情况下,儿童头部会受到无法承受的接触力。计算结果显示,当儿童与气囊仪表板距离非常近的时候,气囊爆开时与儿童头部的瞬间接触力可高达几百公斤,远远超过了儿童的承受能力。为了演示安全气囊打开所产生的力,大陆汽车俱乐部和清华大学汽车碰撞试验室共同进行了安全气囊引爆的试验。安全气囊打开时产生的冲击力,将气囊旁的西瓜炸得粉碎。

(9)儿童安全装置可降低受伤机率。儿童的身体结构和特性与成年人有很大差异,所以对于身体承受能力更弱的儿童,特别是婴儿,约束住身体的更多部分,有时是身体的不同部分,是非常必需的。多重皮带、可变形的护罩以及让孩子们面向后方乘坐,可以帮助我们来满足这些要求。这些措施主要通过儿童安全装置来实现。

统计显示,使用儿童安全装置可以将儿童伤亡的比例从 11.5% 减少至 3.5%,儿童使用专用的安全装置可有效地将受伤害的机率降低 70% 左右。

从现场的试验也可看出,6 岁的儿童假人在有儿童坐垫和安全带束缚的情况下基本没有损伤,而另外一个同样的儿童假人由于没有束缚,受到致命伤害。

（1）现在你知道儿童应该坐在车子的什么部位了吗？

（2）你知道家长应该怎样正确地驾驶车辆了吗？

（3）你知道儿童小汽车的使用规则了吗？

作为家长，谁都希望自己的孩子能高高兴兴出门，平平安安回家，在自己的精心呵护下健康成长。可是，有许多家长却由于自己疏忽或缺少交通安全的常识，而使孩子幼小的生命丧失在车轮下。要有效地预防儿童交通事故的发生，全社会及家长都应承担起责任。

首先，每位家长要做遵守道路交通安全法律法规的表率。必须教育孩子如何出行才安全，如行人必须走人行道，过马路必须走人行横道，在没有人行道和人行横道的道路上行走，必须遵守右侧靠边行走原则，牢记红灯停，绿灯行，黄灯要慢行的交通安全常识。乘坐公交车辆要抓好扶手，不要将头、手伸出窗外；乘坐出租车不要让孩子坐在前排；骑乘摩托车不能捎带未满 12 周岁的儿童；同时，给孩子购买衣服，尽量要选择颜色明快醒目、活动便捷的衣物。注意培养儿童外出的良好习惯，家长应叮嘱交通安全注意事项等。

其次,公安交通管理部门与教育部门有针对性地培养儿童交通安全的教育。教育儿童掌握了解一些必要的道路交通安全常识,识别交通标志标线,观看典型道路交通事故案例,以案说法,警示和启迪儿童从小遵守道路交通安全法律法规,经常性加强道路交通安全知识方面的启蒙教育。组织儿童做交通安全游戏、演讲比赛、作文比赛、知识竞赛等。

# 四、安全知识的教育

安全事故

　　丹丹和美美是好朋友,她们生活在一个偏远的小村庄,这里的风景很优美,气候很湿润,是没有被开发和污染的天然地带,丹丹和美美在这里快乐的生活着,度过她们快乐的童年,无忧无虑。

　　时光辗转,丹丹和美美到了上初中的年龄,由于村庄里面没有初中,丹丹和美美不得不来到县城读初中,初到县城的丹丹和美美,从来没有来过县城,也从来没有见到过这么宽的柏油马路,这么多的大大小小的车辆,每当课余时间丹丹和美美到校外玩耍的时候,都不知道该怎样过马路,怎样识别信号灯。

　　有一天,丹丹和美美去校外的文具店买文具,走到一个十字路口,丹丹和美美没有观看信号灯,径直地走过去,就在这时,迎面一辆小轿车奔驰而来,把丹丹和美美撞倒在地,丹丹倒地后还翻滚了几圈,昏倒在几米以外的地上,美美见状吓得魂飞魄散,不知道该怎么办,只是倒地大哭,不停的抹眼泪。还好车主反应快,马上将丹丹和美美带到医院医治,经检查,丹丹是轻微脑震荡,美美伤势较轻,只是一些皮外伤。

 互动讨论

　　(1)丹丹和美美的行为正确吗?

　　(2)在过十字路口的时候应该怎样做?

　　(3)在丹丹昏倒在地的时候,美美的反应正确吗?

　　(4)这个事例让你明白了什么道理?

**知识加油站**

上面的案例告诉我们,在村庄出生长大的丹丹和美美对于交通安全知识没有概念,没有预防交通事故的意识,她们在自家的村庄生活的时候,没有柏油马路、没有像城市一样这么多的来往车辆、没有纷繁复杂的大小路口,所以当丹丹和美美来到县城读书的时候,就没有预防交通事故,保护自身交通安全的观念,最后才酿成惨剧。

从以上案例告诉我们,要加强对一些小城镇、小村庄的交通安全教育工作,特别是儿童和青少年,他们将来是很有可能要到大城市生活学习的,如果不懂交通安全知识,这对于这些孩子们是十分危险的,致命的事故随时会发生在他们身上。

本书在前面的章节已经对交通信号灯的知识做过讲解,望青少年们谨记交通规则,预防事故的发生。

**专家引路**

对于事件中丹丹和美美以及司机师傅的反应,专家建议,丹丹和美美从家乡来到城镇学习,当知道自己不懂交通规则的时候,要自主的学习交通规则知识,不能因为自己不知道,也不去学习,就盲目的在马路上走,导致悲剧的发生。

当丹丹被汽车撞倒在地的时候,美美见状就放声大哭,没

183

有立刻去查看小伙伴的伤势状况,美美的反应也是十分错误的,在这个时候,美美在自己伤势较轻的情况下,应该马上跑过去查看丹丹的伤势,发现丹丹受伤晕倒,应马上拨打120急救电话,或者找人来帮忙,这才是正确的事故发生之后的反应,而美美的反应慌张错乱,小朋友们不要学习,要谨记这是错误的。

司机师傅应注意,在学校附近的十字路口要特别的注意交通状况,要适时的减速慢行,提高警惕,预防突发事件。在撞到丹丹和美美的时候,司机师傅能够第一时间将丹丹和美美送往医院救治,这种行为是正确的,没有延误两个小女孩的救治时间。

 我来体验

(1)各位青少年朋友,现在你们知道在自己不懂交通规则的时候不要轻易在马路上乱走了吗?

(2)你们知道要自主学习交通规则了吗?

(3)你们知道在发生交通意外的时候要做出怎样正确的反应了吗?

 小贴士

行人交通规则,温馨提示:

(1)必须在人行道内行走,没有人行道的,须靠右边行走。

（2）通过有交通信号控制的人行横道,必须遵守信号的规定;通过没有交通信号控制的人行横道,须注意车辆,不准追逐猛跑,没有人行横道的,须直行通过,不准在车辆临近时突然横穿。

（3）不准穿越、倚坐人行道、车行道和铁路道口的护栏。

（4）不准在道路上扒车、追车、强行拦车或抛物击车。

（5）列队通过道路时,每横队不准超过 2 人,且须靠车行道的右边行进;列队横过车行道时,须从人行横道迅速通过;没有人行横道的,须直行通过;长列队伍在必须时可暂时中断通行。

# 五、学校对交通安全的管理

## 青少年不可不知的交通安全

在一个严寒的冬季,下午5点,一所小学的学生放学了,学校里的孩子们一窝蜂地冲出校门,你拥我挤,没有任何秩序,几十上百个小孩冲出校门,一涌而至校门的马路上,马路上车辆拥挤,顿时交通陷入混乱的状态,孩子们和车辆相互堵塞,场面极其混乱。有很多的孩子都被车辆擦伤。

由于场面混乱,也严重影响到附近的交通状况,学生们没办法正常回家,行驶的车辆也不能正常前进。

互动讨论

(1)对于学校来讲,学生们集体放学之后是否需要对其进行交通管理?

(2)遇到这样的情况你能第一时间做出正确的反应吗?

(3)作为学校,应对学生承担怎样的责任?

(4)车辆行驶到学校附近应怎样避免交通事故的发生?

知识加油站

在我国,更多的是强调让交警深入校园里讲授安全知识,而不太注重学校主动性、积极性地发挥,这使得交通安全教育宣传成为"过场",交警进过后,道路交通安全教育就算告一段落了,可是,这显然是远远不够的!家庭教育奠定了青少年早期心理发展的基础。随着年龄的增长,青少年的活动范围和接触的社会环境不断扩大,当儿童走出家庭,进入学校后,学校成为青少年最主要的社会生活场所,成为青少年接受社会化影响最集中、最丰富的社会生活环境。学校教育是对青少年进行普遍社会化的较为理想的组织过程,在影响青少年心理发展诸因素中起主导作用。学校对青少年心理发展的影响,主要表现在教学内容、教师角色、学校校风、同伴交往等方面对青少年心理发展的影响。

1.学校教育活动对儿童施加影响是以一定的教学内容为中介的,教学内容向青少年揭示特定的价值观念、行为准则,进行文化的灌输,为青少年提供学习仿效的模式,在实际生活中,青少年会根据教学内容要求自己、转变自己。如今,我国的车辆越来越多,与此同时道路交通事故也在增加,统计出来的在交通事故中死伤的人数触目惊心,所以,学校应当制定出切实可行的安全教育制度,并将安全教育列入年度教学计划,按学期做出具体安排,让道路交通安全教育成为教学内容的一部分,借助教学内容来实现加强中小学生道路交通安全意识、减少中小学生在交通事故中死亡率的目的。

2.在学校教育对青少年心理发展施予影响的诸因素中,教师的作用是最积极、最重要的。

(1)教师不仅传授知识技能,并能按照预定目的对影响儿童的其他一些环境因素进行调节和控制,做出取舍,克服和排除不符合社会主流文化的消极因素,引导青少年朝预定方向发展。目前,对中小学生的交通安全教育大多是"做或是不做",缺少"为什么这样做"和"为什么不要这样做"的教育。教师在对学生进行道路交通安全教育时,不能一味地让他们背一些交通法规,重要的是让他们改变错误的认识,学会怎样观察周围的交通状况,怎样让驾驶员看到自己,怎样在最安全的条件下通行,应当让学生"知其然",更"知其所以然",这样,道路交通安全教育才会起到应有的效果。另外,教师可以通过让学生主办道路交通安全宣传橱窗、出道路交通安全为主题的黑板报、开道路交通安全为主题的班会、在观看《中小学安全教育警示录》(交通安全篇)和《关爱生命,安全出行》等道路交通安全宣传片后写《关爱生命,安全出行》主题作文、自己编唱道路交通安全儿歌等有意识的对影响儿童不正确的道路交通安全意识进行调节和控制,使青少年对道路交通安全意识做出取舍,克服和排除不符合《道路交通安全法》、不利于自身安全的消极

儿童交通事故预防

因素,引导青少年朝树立正确道路交通安全意识的方向发展。

(2)教师不仅通过言教有意识地、系统地实施对青少年的教育影响,还要以自身的完整人格对青少年产生潜移默化的影响。教师自觉学习道路交通安全方面的知识,能够激起学生对道路交通安全知识的渴望和追求;教师以身作则,自觉遵守道路交通规则,注意道路交通安全,能够使学生愿意接受教师的道路交通安全教育,将教师作为自己心目中的楷模和表率加以效仿,把体现在教师

身上的道路交通安全意识转化为自己的道路交通安全意识。

　　校风是学校文化环境的重要组成部分,是学校集体通过培养和继承而长期形成的、学校全体成员共同具有的、富有特色的、稳定的校园风气和精神面貌,它是一种无形的感染力量、无声的行动命令;它是一种不成规章的行为准则,不成条文的心理契约,通过集体舆论对个体的品行做出权威性的肯定或否定,鼓励或制止,在校风的行为导向作用下,儿童逐步接受并适应团体规范,形成相应的文化价值意识和共同的目标取向。学校应当培养树立道路交通安全意识的校风,让青少年逐步形成良好的道路交通安全意识,抵制过马路不看红绿灯、在马路上嬉闹玩耍、随便上高速等不注意道路交通安全的行为。

　　同伴交往包括青少年之间个体的交往和青少年与同辈群体的交往。同辈群体使青少年的归属感得到满足,同辈群体又以群体规范约束青少年,在同辈群体中,符合规范的青少年会受到群体的接纳和欢迎,违反规范的青少年将受到群体的拒绝、谴责和惩罚,使青少年产生"对偏离的恐惧",强烈的归属与交往需要使青少年逐渐学会以群体规范调节、控制自己,做出从众行为。由青少年开始,青少年自发地与别的青少年比较,模仿别的青少年的行为习惯,同伴既是行为的强化物,又是青少年评定自己行为的参照物,随着年龄增长,青少年与同伴交往的时间逐渐超过与成人交往的时间,对同伴的依恋和友谊显

189

著增长,青少年更愿意以同辈群体规范作为自己的行为准则,而不愿意采取成人为他们指定的行为准则,在现代社会,同伴群体的影响甚至大到改变了传统的文化传递方式的地步。所以,我们应当充分利用同伴群体对青少年的影响,"以点带面、以偏带全"。如对认真学习《道路交通安全法》的学生予以表扬,并开展"手拉手,一帮一"等形式活动,让有道路交通安全意识的学生帮助没有道路交通安全意识的学生树立道路交通安全意识;发动全体学生对始终不遵守《道路交通安全法》的学生进行批评教育;在道路交通安全教育后开展道路交通安全讨论,让学生在讨论中形成注意道路交通安全的群体性意识。如果能够充分利用青少年心理发展的这几个制约因素,相信道路交通安全教育就不会只是"过场",孩子们就不会一再在交通事故中受伤害。

当前中小学交通安全教育存在的问题:

**1.宣传队伍薄弱。**

(1)道路交通安全教育应当是全社会共同关注、共同致力的一个系统工程,可是,目前在我国,道路交通安全教育似乎只是交警部门一家的责任,交警虽然已经深入校园里讲授道路交通安全知识,但是由于学校、家庭、社会没有发挥起应有的主动性、积极性,使得交通安全教育宣传成为"过场",中小学生的道路交通意识的培养成效可想而知。

(2)交警部门承担着维护道路交通秩序、预防和减少交通事故、保护人身安全、保护公民、法人和其他组织的财产安全及其他合法权益、提高通行效率、为社会主义经济建设保驾护航的重要任务,自身工作量很大,本身能够投入道路交通安全宣传方面的精力也相当有限。

**2.宣传方式单一。**

交通警察虽然关注中小学生的道路交通安全,但是前往宣传的交通民警毕竟不是专职教师,无法结合中小学生的心理开展教育,所能够采用的教学方式无外乎看道路交通安全宣传片、看道路交通事故展板、上一至两节照本宣科的道路交通安全宣传课,仅此而已。中小学生在如此单一、如此短促的道路交通安全教育下,往往只能达到"知其然"的程度,往往只知道应该"做或是不做",而这显然是远远不够的!

综上所述,应结合中小学生心理发展的几个制约因素来开展道路交通安全教育,如此,才能达到提高中小学生的交通安全意识,有效遏制中小学生道路交通事故的发生机率。

191

（1）现在你知道学校要加强哪些交通安全教育了吗?

（2）作为学生自身应该怎样正视交通安全问题?

（3）作为学校的主要引导人,教师应该在教育学生交通安全问题上起到什么作用?

学校安全教育温馨提示:

课上教育要做到,时时刻刻不忘记。课后实践要谨记,勿忘课上小知识。

放学结伴排队走,牵牵手来慢前行。领队时刻要注意,勿忘交通信号灯。

# 六、个人对交通异常的预防知识

作为交通参与者的一部分,青少年每日往返于家庭与学校之间,交通方式有步行、骑车、乘搭汽车等,由于年龄、判断力、行为支配力和不抗力等诸多原因,使青少年极易成为受害者。

案例一:2月25日,在航月路上,一辆行驶的摩托车在转弯时,与路沿相刮后撞上了路边的电线杆,摩托车上的2名人员当场死亡。这2名死者均是某附中的学生,年龄都只有15岁。

案例二:3月17日晚10时20分左右,在柳州市旧机场开发区的航四路与航生路交叉路口发生一起惨剧,一辆从航四路往门头路方向行驶的大货车,与一辆从航生路往南环路方向行驶的摩托车在路口中央相撞,造成摩托车上的两名男子当场身亡。死者也都是学生,两人均年仅17岁,开的摩托车是一辆套牌的大排量摩托。

以上两起事故的驾驶人都有三个共同的特点:都是未满18

岁的青少年;都没有取得机动车驾驶证;死者所开的摩托车都是亲戚或朋友的。年轻的生命就这样消逝,问题出在哪? 如何预防交通事故对青少年的侵害呢?

互动讨论

(1)上述案例中的青少年没有机动车驾驶证能擅自骑车上路吗?

(2)未满 18 岁的青少年驾车载人是正确的吗?

(3)作为青少年自身,夜晚驾车到交叉路口该怎样避免车祸发生?

193

知识加油站

预防是防止和减少交通事故的最有效手段。预防一是思想上的警惕,另一更重要的是措施上、设备上、技术上、人员配备上的预防。"预防为主"就是要防患于未然,将一切不利于行车安全的因素,消灭在萌芽状态。在任何情况下行驶,都要保持清醒的头脑,对可能出现的影响行车安全的情况,都要认真分析,正确判断,随时采取相应措施,做到有备无患。

预防事故的关键在于人,现代交通,要求驾驶员不但要熟练掌握各种条件下的驾驶技术,还要懂得心理学、机械原理、交

通工程学等方面的知识。人的安全意识如何，直接作用于交通安全的具体工作。只有启发和强化驾驶员的安全意识，提高文化素质，才能对事故起到釜底抽薪的作用。

专家引路

（1）中小学生自制能力有限，最好不要驾车。如确需使用交通工具，可骑自行车上学，但最好不骑助力自行车，因为助力自行车车速较快，容易发生意外。

（2）如果骑车上学，最好要进行适当的驾驶技术培训，多练习上车、下车和急弯避让技术，车技熟练后再上路行驶。

（3）必须学习一定的交通法规知识。不管是在城市还是在乡村，骑自行车上路后不可避免要经常与汽车打交道，学习必要的交通安全知识，能最大限度减少与汽车发生碰撞的可能性。这些知识包括：红绿灯、转弯、变道、单行、刹车等行车知识。

车辆维护

（4）行车中若遇行驶异常车辆时，应主动避让，以防发生交通事故。机动车行驶异常有些是驾驶员疲劳造成的，有些是车辆故障造成的，有些是酒后驾车造成的，不论是哪种情况，车辆的行驶轨迹往往不可预料，应尽量远离这些车辆。

（1）现在你知道儿童从自身来讲，预防交通事故要做哪些方面的努力吗？

（2）你知道无驾照是不能驾车上路的吗？

（3）你知道要时刻树立正确的安全意识吗？

195

中小学生行为特点分析：

（1）法制观念和交通安全意识淡薄。中小学生正处在接受基础教育阶段，主要时间都是学习文化课，缺乏对交通法规和交通安全知识的学习和了解，对行人的行走规则及机动车的行驶特点不明确，更不明白什么是交通违章、违反交通法规将会导致怎样的后果，对交通违法行为的危害性认识不足。

（2）好奇心强，容易冲动，交通行为比较盲目。中小学生大多好奇心强且具有冒险精神，明知违规却偏要穿越隔离护栏，与车辆赛跑，追车扒车，骑车追逐、嬉戏；或明知危险，却硬是胡钻乱窜,调头猛拐,车辆临近突然横穿,骑车撒把。加之中小学生遇事不冷静,对后果估计不足,遇到突发情况经常手忙脚乱,措施不当,从而引发交通事故。

# 七、社会对青少年交通意外的预防措施

安全事故

近年来,构建和谐社会等和谐之音已深入每一个人的心中。随着我国经济的快速发展和人民生活水平的不断提高,机动车保有辆大量递增,交通的人流、物流、车流快速增多,使人、车、路之间的矛盾日益突出。这给道路交通管理工作带来相应压力。

如何加强道路交通管理,为经济社会创造良好的交通环境,作为公安机关交通管理部门要以科学发展观统领各项交通管理工作,围绕"降事故、保安全、保畅通"为目标,切实增强人民群众的安全感,主动适应经济社会发展的客观要求,最大限度地遏制和减少交通事故,保障人民群众的生命财产安全,以实现好、维护好广大人民群众的根本利益,其中最重要的内容之一就是保证儿童和青少年的交通安全。

（1）对于青少年交通安全问题，国家、社会承担怎样的责任？

（2）社会对于预防青少年交通安全问题要做哪些努力？

（3）怎样齐心协力杜绝青少年交通事故发生？

197

**交通警察宣传**

从目前交通状况来看，交通管理存在以下问题：

（1）部分领导和民警在交通管理中以人身安全为宗旨的意识和思想觉悟还不高。方法、手段、形式还停留在老的、传统的、旧的模式中。

（2）群众的交通法规意识薄弱，遵守交通法规自觉性不强，路面交通违法行为仍比较普遍。

（3）交通管理设施装备滞后，跟不上经济社会发展步伐。

（4）交通管理的理念、水平、手段和管理交通的科技含量仍需提高。

### 加强交通管理，构建和谐交通环境的对策思考

预防和减少道路交通事故、为人民服务是一项长期的任务，尤其是村村通公路修建后，农村道路交通管理已成为重点，要构建和谐的道路交通环境，就要更新交通管理观念，积极采取措施，努力实现道路交通有序畅通的奋斗目标。

（1）转变观念，从管理型向服务型转变。一些领导和民警习惯于以管理者自居，缺乏服务意识，门难进、脸难看、话难听、事难办现象时有发生，伤害了群众，损坏了交警的良好形象。因此，要构建和谐的交通环境，就要经常教育引导各级交警部门领导、民警逐渐淡化权力观念，强化服务意识，以管理为手段，以服务为目的，真正实现从管理型向服务型的转变，进一步提升服务意识和服务水平。

（2）实现封闭型管理是向公开型管理的转变。交通管理工作是直接面向社会群众的,是政府和公安机关联系群众、服务群众的重要窗口,所以必须完全置于群众视线之内。各级交警部门要进一步推进警务公开,不断扩大警务公开内容,各项执法过程及相关程序公开透明,自觉接受司法审查和监督,充分体现执法的公开性、严肃性和公正性。

(3)加强理论学习,使执法日趋规范化。交警部门的领导和民警要加强自身的法律、法规等各项理论学习,熟悉业务知识,吃透执法程序,力求在执法当中做到公平、公正和规范,提高群众的满意度。

(4)提高创新意识,实现经验型向科技型转变。在道路交通管理工作中,靠经验、凭感觉管理的做法,已形成习惯,由此带来的后果,直接影响了管理效果。今后,要大力加强改进交通管理工作,改变传统落后的管理,建立建全符合现代管理的新模式、新机制、新手段,逐步实现由经验型向科技型转变。

**我来体验**

(1)现在你知道预防交通安全,社会要从哪几方面努力吗?

(2)你知道加强理论学习对预防交通安全的重要性吗?

(3)你知道作为青少年如何监督违法车辆运行吗?

199

公安交通管理部门,应该加大宣传教育力度,提高市民的自觉遵守交通法规的意识。另一方面,要抓住突出问题,首先进行整治活动,然后借整治的成果,长抓不懈,坚持下去,使强制管理转变为强制和自觉相互作用的效果。

道路运输管理部门对运输市场的管理,应该对运输市场进行清查,摸清本地区动力与动量的平衡度,在今后的审批中加以宏观控制,优化市场。

由运输管理部门牵头,让大的运输公司做龙头,成立集团公司,统一管理,减少相互间的不正当竞争,规范市场。

强化对运输企业的质量信誉考核力度,提高运输企业的质量管理。

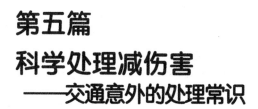

# 第五篇
# 科学处理减伤害
## ——交通意外的处理常识

在发生交通意外的时候，能否第一时间正确、速度、有效地处理意外事故的善后工作，是最大限度减小交通意外损害的关键，所以，科学地处理交通意外就显得尤为重要。

交通事故处理,指在道路范围内发生的车物损坏或人员伤害的交通事故的处理。轻微伤害的交通事故指造成皮肤、软组织挫伤且面积较小的交通事故。

交通事故处理包括几个环节:现场处理、责任认定、处罚违章。

近几年来机动车和驾驶员保有量持续快速增长,由于车流密度大,轻微刮蹭事故大量增加,不仅影响交通安全,而且对道路畅通也造成很大影响。据"122"报警台统计,2011年因交通事故造成的拥堵报警已达拥堵报警总数的20%。为此,我国近年来大力推进交通事故处理工作改革,不断提高交通事故处理效率。

# 一、常见交通事故的应急处理措施

203

**青少年不可不知的交通安全**

在一个温暖的下午,小红和小军放学一起结伴回家,走在路上,两个小伙伴说说笑笑,不紧不慢的走着,走到一个十字路口的时候,突然,从右面路口飞驰而来的一辆小轿车与对面过来的一辆大卡车相撞,两车相撞之后,由于巨大的撞击和摩擦,小轿车发生爆炸,引起剧烈燃烧,就在相撞的那时,马路边上跑过来一条小狗,轿车发生燃烧后,小狗也被烧伤,倒在地上不能动弹。大卡车的司机被撞昏在车内,不知伤势如何,这时小红和小军见状不知所措,愣愣地站在原地,小红平时最喜欢小狗,每每见到别家的小狗,都会忍不住的去逗逗,这时,小红看见小狗被火烧坏了身体,就不假思索地跑过去,试图将小狗抱起,当时由于爆炸的小轿车还在燃烧,小军看到跑过去的小红,赶忙在后面追赶,叫住小红,不要过去、不要过去,危险、危险……

 **互动讨论**

(1)小轿车发生爆炸时,小红和小军愣愣地站在原地的行为正确吗?

(2)小红想跑过去救助狗狗的行为正确吗?

(3)小军叫住小红,不让小红抱走狗狗的行为正确吗?

(4)发生这样的汽车爆炸事件,如果是你,你该怎么办?

 **知识加油站**

遇到这样的交通事故应该怎么办?第一时间做出怎样的

反应呢？下面就这些问题仔细地讲解一下，请青少年们要注意学习。

第一，事故报案。发生交通事故后你一定要首先立即停车，停车以后按规定拉紧手制动，切断电源，开启危险报警闪光灯，如果夜间事故还需开示宽灯、尾灯。在高速公路发生事故时还须在车后按规定设置危险警告标志。

第二，及时报案。事故发生后应及时将事故发生的时间、地点、肇事车辆及伤亡情况打电话或委托过往车辆、行人向附近的公安机关或执勤交警报案，在交通警察来到之前不能离开事故现场。在报警的同时也可向附近的医疗单位、急救中心呼救、求援。如果现场发生火灾，还应向消防部门报告。

第三，保护现场。保护现场的原始状态，包括其中的车辆、人员、牲畜和遗留的痕迹、散落物等不随意挪动位置。当事人在交通警察到来之前可以用绳索等设置保护警戒线，防止无关人员、车辆等进入，避免现场遭受人为或自然条件的破坏。为抢救伤者，必须移动现场肇事车辆、伤者时，应在其原始位置做好标记，不得故意破坏、伪造现场。

第四，抢救伤者或财物。确认受伤者的伤情后，能采取紧急抢救措施的，应尽最大努力抢救，包括采取止血、包扎、固定、搬运和心肺复苏等。并设法送往附近的医院抢救治疗，除未受伤或虽有轻伤但本人拒绝去医院诊断外，一般可以拦搭过往车辆或通知急救部门、医院派救护车前来抢救。对于现场散落的物品及被害者的钱财应妥善保管，注意防盗防抢。在有可能发生大火、爆炸的险情时，应及时采取措施排除。"交通事故报警"、"急救中心"、"火灾报警"的全国统一呼叫电话号码分别为

"122"、"120"、"119"。如果你的车辆投了保险,在48小时内还要向保险公司报告出险。

第五,注意防火防爆。事故当事人还应做好防火防爆措施,首先应关掉车辆的引擎,消除其他可能引起火警的隐患。事故现场禁止吸烟,以防引燃泄漏的燃油。载有危险物品的车辆发生事故时,危险性液体、气体发生泄漏,要及时将危险物品的化学特性,如是否有毒,易燃易爆、腐蚀性及装载量、泄漏量等情况通知警方及消防人员,以便采取防范措施。

第六,要协助现场调查取证。在交通警察勘察现场和调查取证时,当事人必须如实向公安交通管理机关陈述交通事故发生的经过,不得隐瞒交通事故的真实情况,应积极配合协助交通警察做好善后处理工作,并听候公安交警部门处理。

### 事故处理程序简介

公安交通部门接到你的报警后会马上出警,经现场勘查,属于交通事故的,填写《交通事故立案登记表》,进入事故处理程序。

(1)事故受理

公安交通管理部门接到交通事故报警的,应当登记备查,记录报警时间、报警人姓名、单位、联系电话、发生交通事故时间、地点、车辆类型、车辆牌号、是否载有危险物品、人员伤亡等简要情况。涉嫌交通肇事逃逸的,还应当详细询问并记录肇事车辆的颜色、特征及其逃逸方向等有关情况。有人员伤亡的，应当及时通知急救、医疗、消防等有关部门。

（2）事故管辖

县级以上公安机关交通管理部门负责处理所管辖的区域或者道路内发生的交通事故。

（3）事故调查

公安交通管理部门立案后应确定交通事故当事人，控制肇事人，查找证人。进行事故调查，全面、及时地收集有关证据。对交通事故当事人的基本情况、车辆安全技术状况及装载情况、交通事故的基本事实、当事人的道路交通安全违法行为及导致交通事故的过错或者意外情况，按照有关法规和标准的规定，拍摄现场照片，绘制现场图，采集、提取痕迹、物证，制作现场勘查笔录。

（4）事故检验鉴定

公安交通管理部门对当事人生理状况、精神状况、人体损伤、尸体、车辆及其行驶速度、痕迹、物品以及现场的道路状况等需要进行检验、鉴定的，应当在勘查现场之日起五日内指派或者委托专业技术人员、具备资格的鉴定机构进行检验、鉴定。检验、鉴定应当在二十日内完成。当事人对检验鉴定结论有异议的，在接到检验鉴定结论后三日内另行委托其他具有资质的机构重新检验鉴定并告之公安交通部门。当事人因交通事故致残的，在治疗终结后，应当由具有资格的伤残鉴定机构评定伤残等级。对有争议的财产损失的评估，应当由具有评估资格的评估机构进行。

(1)现在你知道发生这样的交通事故要怎么做了吗?

(2)你知道小红和小军要怎样做才是正确的呢?

(3)你知道小红试图抱走小狗的行为是不正确的吗?

事故发生后的处理步骤:(1)事故责任认定;(2)事故赔偿调解;(3)事故赔偿内容;(4)事故车辆保险理赔(商业三者险)。

### 事故赔偿诉讼简介

交通事故损害赔偿调解不成或双方不愿调解的可以向有管辖权的人民法院提起诉讼。

(1)管辖法院:由事故发生地或者被告所在地人民法院管辖。

(2)诉讼时效:人身损害赔偿从知道或应当知道伤害发生之日起1年,财产损失为2年。

(3)审理时限:一审法院审理交通人身损害赔偿案件审限为6个月,二审为3个月。

(4)诉讼证据:交通事故责任认定书、车损物损证明、人身伤害的医疗费、交通费、伤残鉴定费发票,误工、被扶养人情况、伤残鉴定、死亡证明等。

# 二、减少进一步损伤的措施

209

　　在一所中学的安全教育课堂上,老师问同学们一些关于交通事故发生后,怎样减少进一步损伤的措施,同学们对此都没有想法。有的同学说打120急救电话、有的同学说要先查看受伤人员的身体状况、有的同学说要马上找家长来帮忙,同学们都在争先恐后的说着办法,看得出,同学们都很踊跃,也很热心,都在说着不同的想法,但是,同时也看得出同学们都是信口开河、随手拈来,没有任何的逻辑性和思维性,看来同学们对事故发生后,减少进一步损伤的措施还不是很了解。

**互动讨论**

(1)你知道事故发生后怎样减少进一步的损伤吗?

(2)你觉得案例中同学说的哪些想法是可取的呢?

(3)你对于进一步减少损伤的知识了解吗?

**知识加油站**

交通意外可造成对人体的撞击、碾压、跌扑等伤害,多发于高速公路、交叉路口、盘旋山路、危险桥梁等地段,以及浓雾、大雨等天气状况下,违章驾驶或机车失控也容易引起交通意外。

交通意外发生的瞬间以及发生后救护人员赶到之前的几分钟,是非常关键的抢救时间。下面提供几点建议:

(1)意外发生后,现场或首先赶到现场的人,要在现场前后放置警示标志,以免慌忙中再次发生交通意外。保护现场,禁止用火或抽烟。

(2)迅速拨打122交通意外报警电话,并说明意外发生的地点和性质。有人员伤亡的还应同时拨打120急救电话。

(3)帮助伤员处理伤口,并加以告慰。除非现场已着火,或受伤者附近有汽油漏出,一般不要随意移动重伤者。如果受伤者出现大出血、呼吸困难等危险,必须现场实施止血、人工呼吸、胸外心脏按压等急救。

（4）如果是在交通要道或高速公路上发现交通意外，切不可贸然停车抢救，这时应示意后面车辆减速，然后驶离主干道，将车慢慢停下。

（5）若自己牵涉在交通意外中，应镇静的记录现场一系列重要资料，例如描绘现场示意图，标出街道及车辆、人员走向、位置，并记录现场证人的姓名、电话、地址等。索取和提供车牌号、姓名、地址、工作单位等信息，及时通知保险公司。涉及人员伤亡的，必须立即报警。

专家引路

交通事故后对创伤人员的现场急救，对于挽救伤者的生命具有重要的意义。然而，由于公众医疗急救知识的缺乏，无论交通事故的当事人或现场的目击者，面对事故中的受伤人员，往往显得束手无策，因此我国交通事故现场急救水平远远低于发达国家的水平。如何对交通事故受伤人员的现场急救，需要从以下几个方面入手。

1.正确判断伤者的伤情是现场急救的首要任务。其次是使开放性创面免受再污染、减少感染，以及防止损伤进一步加重。如果现场有多位或成批伤员需要救治，急救人员不应急于去救治某一个危重伤员，应首先迅速评估所有的伤员，以期能发现更多的生命受到威胁的伤员。

伤情评估可依 A、B、C、D、E 的顺序进行。

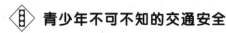

A 气道情况(Airway)：判断气道是否通畅，查明呼吸道有无阻塞。

B 呼吸情况(Breathing)：呼吸是否正常，有无张力性气胸或开放性气胸及连枷胸。

C 循环情况(Circulation)：首先检查有无体表或肢体的活动性大出血，如有则立即处理；然后是血压的估计，专业医护人员可使用血压计准确计量。

D 神经系统障碍情况(Disability)：观察瞳孔大小、对光反射、肢体有无瘫痪，尤其注意高位截瘫。

E 充分暴露(Exposure)：充分暴露伤员的各部位，以免遗漏危及生命的重要损伤。

2.在伤情评估的过程中，需要注意的内容。

（1）判断伤者有无颅脑损伤：对伤者首先应大声呼唤或轻推，判断其是否清醒，有无昏迷。在轻推伤者时，严禁用力摇动伤者，防止造成二次损伤。对于清醒的伤者，应询问其在事故中头部有无碰撞，有无头痛、头晕、短暂意识丧失等症状，并注意检查伤者有无头部的表浅损伤，如头皮血肿、头皮裂伤等。如果伤者出现上述情况，即使当时没有其他不适，也需将其送往医院进行检查。

（2）判断伤者有无脊柱损伤：对脊柱骨折伤者不正确的搬运，很可能导致伤者的脊髓受损，造成伤者截瘫，给伤者及其家庭造成极大的痛苦。因此，对于每个伤员，在搬动之前，必须确定其是否有脊柱损伤。如果伤者出现颈后、背部或腰部疼痛、棘突压痛，均提示有可能出现脊柱受损。对于昏迷的伤者，现场急救和搬运中，应按照有脊柱损伤处理。

(3)判断有无骨折:受伤部位疼痛、压痛、肿胀,均可怀疑有骨折,如果出现轴向叩击痛(如叩击伤者足底导致其大腿疼痛)则高度怀疑疼痛部位有骨折存在,如果出现局部畸形和异常活动,则基本可以确定骨折的存在。

(4)判断有无胸、腹部脏器损伤:如果伤者出现胸部疼痛、压痛、呼吸困难等,提示有胸部损伤存在,如果伤者出现皮下握雪感,提示伤者有皮下气肿。如伤者出现腹痛、腹部压痛,肝、脾、肾区叩击痛,则应怀疑伤者有相应的脏器损伤。

(1)现在你知道该怎样减少进一步的损伤了吗?

(2)你知道事故发生后怎样将损伤降到最低吗?

(3)你知道伤势评估要按哪几个步骤进行吗?

(4)你知道在伤势评估过程中,要注意哪些内容吗?

在伤情的判断过程中,要求检查者采用的方法要简单、有效,检查手法准确,轻柔,防止增加伤者的痛苦并造成二次损伤。发现有怀疑颅脑损伤或胸、腹部脏器损伤的伤者,应尽快通知警方和急救中心,说明情况。

213

# 三、止血

深秋时分,小华和小娟以及几个小伙伴在公园玩耍,大家在玩着各种各样的游戏,有蹦格子、有扔口袋、有踢皮球、有老鹰捉小鸡等等,一群小朋友们玩的是不亦乐乎。就在大家兴高采烈的时候,一辆三轮车从路边的马路上冲进公园中,速度很快,一时间,冲到了小朋友玩耍的地方,将小华和小娟几个小朋友撞到在地,小华当时就头破血流,胳膊和大腿多处受伤,血流不止,小娟的胳膊也开始流血,情况非常严重,这时小朋友们都吓坏了,惊呆了,不知所措。有勇敢的小朋友上前按住小华的头,但是血还是不停地在流,有的小朋友按压住小娟的胳膊,试图阻止血液的外流。

(1)你认为小朋友们按住小华的头,这种做法正确吗?

(2)小朋友们按住小娟胳膊的这种做法正确吗?

(3)在公园里面玩耍要随时注意交通情况吗?

**知识加油站**

止血是现场急救首先要掌握的一项基本技术,其主要目的是阻止伤口的持续性出血,防止伤者出现因失血导致的休克和死亡,为伤者赢得宝贵的抢救时间,从而挽救伤者的生命。

在现场急救止血过程中,一般首先应判断伤者出血的原因。

毛细血管破裂导致的出血多呈血珠状,可以自动凝结。在现场无需特殊处理,或给予局部压迫即可达到止血的目的。静脉破裂的出血多为涌出,血色暗红,大静脉破裂导致的出血比较快速。动脉破裂导致的出血多为喷射状或快速涌出,血色鲜红。止血的方法主要有局部压迫止血、动脉压迫止血和止血带止血三种手段。

215

**专家引路**

出血伤员只要拖延几分钟时间急救,就会危及生命,因此,外伤出血是最需要急救的危重症之一,止血法是外伤急救技术之首。

现场止血法常用的有四种,使用时要根据具体情况,可以应用一种,也可以把几种止血法结合一起应用,以达到最快、最有效、最安全的止血目的。

（1）加压包扎止血法（最常用）

适用于各种伤口。

先用无菌纱布覆盖压迫伤口，再用三角巾或绷带用力包扎。在没有无菌纱布时可使用消毒卫生巾、餐巾等替代。

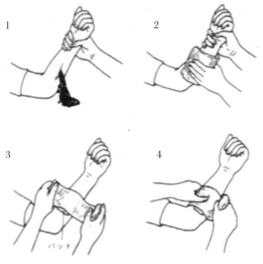

加压包扎止血

（2）指压动脉止血法（较专业）

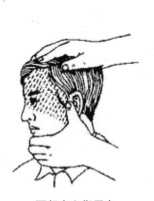

面部出血指压点

面部出血轻柔点

适用于头部和四肢某些部位的大出血。

方法为用手指压迫伤口近心端动脉,将动脉压向深部的骨头,阻断血液流通。

(3)四肢指压动脉止血法

①指压肱动脉:适用于一侧肘关节以下部位外伤大出血。用一手拇指压迫上臂中段内侧,阻断肱动脉血流,另一手固定手臂。

指压肱动脉

②指压桡、尺动脉:适用于手部大出血。用两手拇指和食指分别压迫伤侧手腕两侧的桡动脉和尺动脉,阻断血流,因为桡动脉和尺动脉在手掌部有广泛吻合支,所以必须同时压迫双侧。

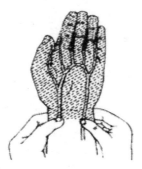

指压桡、尺动脉

217

③指压指（趾）动脉：适用于手指（脚趾）大出血。用拇指和食指分别压迫手指（脚趾）两侧的指（趾）动脉，阻断血流。

**指压指（趾）动脉**

④指压股动脉：适用于一侧下肢大出血。用双手拇指用力压迫伤肢腹股沟中点稍下方的股动脉，阻断股动脉血流，伤员应该处于坐位或卧位。

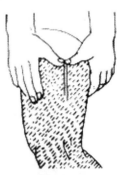

**指压股动脉脉**

⑤指压胫前、后动脉：适用于一侧脚的大出血。用双手拇指和食指分别压迫伤脚足背中部搏动的胫前动脉及足跟与内踝之间的胫后动脉。

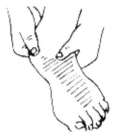

**指压胫前、后动脉**

（4）填塞止血法

适用于颈部和臀部等处较大而深的伤口。

先用镊子夹住无菌纱布塞入伤口内，若一块纱布止不住血，可再加纱布，包扎固定。

颅脑外伤引起的鼻、耳、眼等处出血不能用填塞止血法。

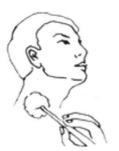

**填塞止血法**

（5）止血带止血法

止血带止血法只适用于四肢大血管损伤时，出血凶猛，且其他止血方法不能止血时，才用此法。

止血带有橡皮止血带（橡皮条和橡皮带）、气性止血带（如血压计袖带）、布制止血带。操作方法各不相同。

止血带止血法

使用止血带应注意：

①部位：上臂外伤大出血应扎在上臂上 1/3 处，前臂或手大出血应扎在上臂的下 1/3 处，不能扎在上臂的中部，因该处神经贴近肱骨，易被损伤。下肢外伤大出血应扎在股骨中下 1/3 交界处。

②衬垫：使用止血带的部位应该有衬垫，否则会损伤皮肤。可扎在衣服外面，把衣服当衬垫。

③松紧度：应以出血停止，远端摸不到脉搏为合适。过松达不到止血目的，过紧会损伤组织。

④时间：一般不应超过 5 小时，原则上每小时要放松一次，时间为 1 分钟。

⑤标记：使用止血带者应有明显标记记录并贴在前额或胸前易发现部位，写明时间。如立即送医院，须当面向值班人员说明扎止血带的时间和部位。

（1）现在你知道有哪几种止血的方法了吗？

（2）你知道止血对于延迟生命的重要性了吗？

（3）现在如果发生交通意外，你为帮助别人止血做好准备了吗？

对于前臂或手部出血者，还可采用在肘前放置纱布卷或毛巾卷，用力曲肘固定，达到止血目的。如果采用局部压迫止血无法达到目的，而压迫动脉不便于伤员的转运时，可以使用专用止血带进行止血。在使用止血带的过程中，应注意力量足够。如果力量不足，可能导致止血带没有阻断动脉血流，而仅使静脉回流受阻，导致伤口出血更加凶猛，加速伤者的失血。

如果在交通事故现场没有止血带，可以使用绷带、绳索、领带、毛巾、围巾、衣物等替代。需要特别指出的是严禁用铁丝作为止血带使用。

# 四、包扎

在交通事故发生之后，多半会带来身体的损伤，经常在车

221

祸发生时,人的头部、颈部、腹部、四肢都是受伤的多发区域,那么在事故发生后,能不能够很好的进行第一时间的包扎,这对伤者来说是关乎生命的重要一步,作为当代青少年,你们知道受伤后要进行怎样的包扎处理吗?

曾经在一起车祸事故中,有一个17岁的小男孩头部、颈部、腹部、四肢都遭到严重的创伤。当事故发生时他的父母不懂得基本的包扎方法,看到儿子头部、颈部等都在流血,母亲就紧急的用一些卫生纸擦拭儿子的流血部位,并用大量的卫生纸按住出血部位,但自身也受伤的母亲,并没有顾及自己的安危。当他们被送到医院的时候,母亲由于流血过多,伤势严重,儿子的患处由于母亲用大量的卫生纸擦拭,导致很多的纸屑留在伤口处,给医生的清洗消炎工作带来了很大的阻碍,也极易使伤口引发感染。

 **互动讨论**

(1)对于案例中母亲的做法你认为正确吗?

(2)你认为母亲是否应该只顾儿子的伤势,而忘记了自己的伤势?

(3)用卫生纸擦拭伤口是正确的做法吗?

 **知识加油站**

案例中母亲的做法是错误的,这同时也表明了,现在不仅

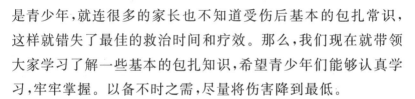

是青少年,就连很多的家长也不知道受伤后基本的包扎常识,这样就错失了最佳的救治时间和疗效。那么,我们现在就带领大家学习了解一些基本的包扎知识,希望青少年们能够认真学习,牢牢掌握。以备不时之需,尽量将伤害降到最低。

伤口包扎在急救中应用范围较广,作用如下:固定敷料,保护创面,防止污染,止血,止痛。

伤口包扎技巧要求:动作轻巧,以免增加疼痛。接触伤口面的敷料必须保持无菌。

包扎要快且牢靠,松紧度要适宜,打结避开伤口和不宜压迫的部位。

包扎材料:

(1)三角巾:用边长为1米的正方形纱巾将对角剪开即分成二块三角巾,顶角外加的一根带子称顶角系带,斜边称底边。为了方便不同部位的包扎,可将三角巾叠成带状,称带状三角巾,或将三角巾在顶角附近与底近中点折叠成燕尾式,称燕尾式三角巾。

(2)轴带卷:也称绷带。

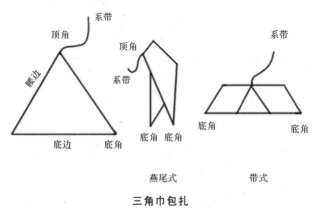

三角巾包扎

专家引路

1.头部包扎

(1)三角巾帽式包扎:适用于头顶部外伤。先在伤口上覆盖无菌纱布(所有的伤口包扎前均先覆盖无菌纱布,以下不再重复),把三角巾底边的正中放在伤员眉间上部,顶角经头顶拉到脑后枕部,将底边经耳上向后拉紧压住顶角,然后抓住两个底角在枕部交叉反回到额部中央打结。

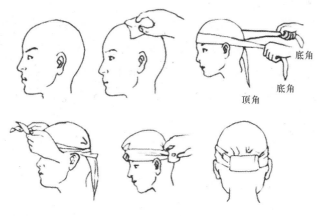

三角巾帽式包扎

(2)三角巾面具式包扎:适用于颜面部外伤。把三角巾一折二,顶角打结放在下颌正中,两手拉住底角罩住面部,然后双手持两底角拉向枕后交叉,最后在额前打结固定。可以在眼鼻处提起三角巾,用剪刀剪洞开窗。

224

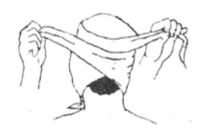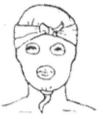

三角巾面具式包扎

（3）三角巾双眼包扎：适用于双眼外伤。将三角巾折成三指宽带状，中段放在头后枕骨上，两旁分别从耳上拉向眼前，在双眼之间交叉，再持两端分别从耳下拉向头后枕下部打结固定。即使单眼外伤也应该双眼包扎，因为若仅包扎伤眼，健侧眼球活动必然会带动伤侧眼球活动，不利于稳定伤情。

三角巾双眼式包扎

2.颈部包扎

适用于颈部外伤。

（1）三角巾包扎：叮嘱伤员健侧手臂上举抱住头部，将三角巾折成带状，中段压紧覆盖的纱布，两端在健侧手臂根部打结固定。

（2）绷带包扎：方法基本与三角巾相同，只是改用绷带，环绕数周再打结。

225

3.躯干包扎

（1）三角巾胸部包扎：适用于一侧胸部外伤。将三角巾的顶角放于伤侧一边的肩上，使三角巾底边正中位于伤部下侧，将底边两端绕下胸部至背后打结，然后将三角巾顶角的系带穿过三角底边与其固定打结。

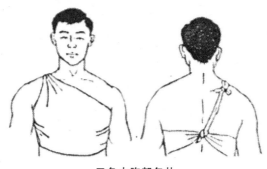

三角巾胸部包扎

（2）三角巾背部包扎：适用于一侧背部外伤。方法与胸部包扎相似，只是前后相反。

（3）三角巾侧胸部包扎：适用于一侧侧胸部外伤。将燕尾式三角巾的夹角正对伤侧腋窝，双手持燕尾式底边的两端，紧压在伤口的敷料上，利用顶角系带环下胸部与另一端打结，再将两个燕尾斜向上拉到对侧肩部打结。

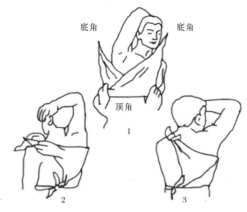

三角巾背部包扎

（4）三角巾肩部包扎：适用于一侧肩部外伤。将燕尾三角巾的夹角对着伤侧颈部,巾体紧压在伤口的敷料上,燕尾底部包绕上臂根部打结,然后两燕尾角分别经胸、背拉到对侧腋下打结固定。

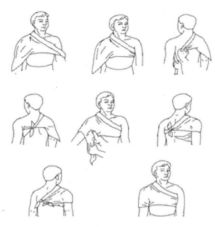

三角巾肩部包扎

（5）三角巾腋下包扎:适用于一侧腋下外伤。将带状三角巾中段紧压腋下伤口敷料上,再将巾的两端向上提起,于同侧肩部交叉,最后分别经胸、背斜向对侧腋下打结固定。

227

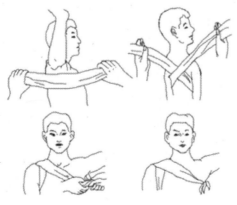

三角巾腋下包扎

(6)腹部包扎

三角巾腹部包扎:适用于腹部外伤。双手持三角巾两底角,将三角巾底边拉直放于胸腹部交界处,顶角置于会阴部,然后两底角绕至伤员腰部打结,最后顶角系带穿过会阴与底边打结固定。

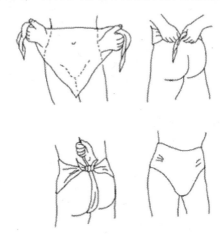

三角巾腹部包扎

4.四肢部包扎

(1)三角巾臀部包扎:适用于臀部外伤。方法与侧胸部外伤包扎相似,只是燕尾式三角巾夹角对着伤侧腰部,紧压伤口敷料上,利用顶角系带环伤侧大腿根部与另一端打结,再将两个燕尾斜向上拉到对侧腰部打结。

(2)绷带上肢、下肢螺旋形包扎:适用于上、下肢除关节部位以外的外伤。先在伤口敷料上用绷带环绕两圈,然后从肢体远端绕向近端,每缠一圈盖住前圈的 $1/3 \sim 1/2$ 成螺旋状,最后剪掉多余的绷带,然后胶布固定。

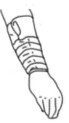

绷带上肢、下肢螺旋形包扎

（3）绷带肘、膝关节 8 字包扎：适用于肘、膝关节及附近部位外伤。先用绷带一端在伤处的敷料上环绕两圈，然后斜向经过关节，绕肢体半圈再斜向经过关节，绕向原开始点相对处，再绕半圈回到原处。这样反复缠绕，每缠绕一圈覆盖前圈的 1/3～1/2，直到完全覆盖伤口。

229

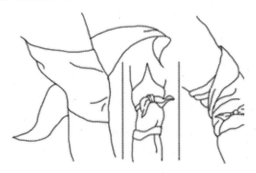

绷带肘、膝关节 8 字包扎

（4）三角巾手部包扎：适用于手部外伤。将带状三角巾中段紧贴手心，将带状在手背交叉，两巾在两端绕至手腕交叉，最后在手腕绕一周打结固定。

（5）三角巾脚部包扎：方法与手部相似。

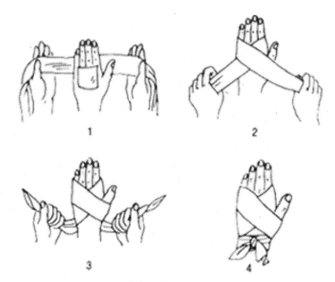

三角巾手部包扎

 我来体验

(1)现在你知道基本的外伤包扎知识了吗？

(2)你知道该采取怎样的方法包扎头部了吗？

(3)你知道该采取怎样的方法包扎腹部了吗？

(4)你知道该采取怎样的方法包扎四肢了吗？

 小贴士

包扎的主要目的是：①压迫止血；②保护伤口，减轻疼痛；③固定。

现场包扎使用的材料主要有绷带、三角巾、十字绷带等。如果没有这些急救用品,可以使用清洁的毛巾、围巾、衣物等作为替代品。包扎时的力量以达到止血目的为准。如果出血比较凶猛,难以依靠加压包扎达到止血目的时,可使用动脉压迫止血或使用止血带。

在包扎过程中,如果发现伤口有骨折端外露,请勿将骨折断端还纳,否则可能导致深层感染。

腹壁开放性创伤导致肠管外露的情况在交通意外中十分罕见。一旦发生,可以使用清洁的碗盆扣住外露肠管,达到保护的目的,严禁在现场将流出的肠管还纳。

# 五、固定

安全事故

在一个寒冷的冬天,东东一家人在回家的路上遭遇车祸,私家车与一辆大货车相撞,私家车的车身全部损坏,车前半部分全部陷进大卡车的车下,东东一家人伤势十分严重,东东的颈椎骨折,大腿关节也骨折了,东东妈妈的伤势也相当严重,肋骨多处骨折,只有东东爸爸没有骨折,只是皮外伤,这时东东爸爸看见母子两人的伤势,发现骨折,东东爸爸对人体关节有一些了解,就找来绷带将东东的颈部和大腿缠住,将东东妈妈平放在地上,试图控制伤势,固定住骨折部位。

 互动讨论

(1)东东爸爸用绷带缠住东东的颈部和大腿的做法是正确的吗?

(2)东东爸爸将东东妈妈平放在地上的行为是正确的吗?

(3)如果你身边发生了类似这样的骨折人员,你知道该怎么做吗?

 知识加油站

### 外伤固定术

固定术不仅可以减轻伤员的痛苦,同时能有效地防止因骨折断端移动损伤血管、神经等组织造成的严重继发损伤,因此,即使离医院再近,骨折伤员也应该先固定再运送。

伤口固定技巧要求。急救固定目的不是骨折复位,而是防止骨折端移动,所以刺出伤口的骨折端不应该送回。固定时动作要轻巧,固定要牢靠,松紧要适度,皮肤与夹板之间要垫适量的软物。

### 固定材料

木制夹板:有各种长短规格以适合不同部位需要,外包软性敷料。是最常用的固定器材。

其木制夹板材料：如特制的颈部固定器、股骨骨折的托马氏固定架、紧急时就地取材的竹棒、木棍、树枝等等。

负压气垫：为片状双层塑料膜，膜内装有特殊高分子材料，使用时用片状膜包裹骨折肢体，使肢体处于需要固定的位置，然后向气阀抽气，气垫立刻变硬达到固定作用。

由于负压气垫、颈部固定器等器材使用比较简便快速而且有效，其中负压气垫是专业急救人员在现场最常用的固定器材，但普通家庭一般不具备，所以这里主要介绍木制夹板和三角巾固定法。

专家引路

233

### 1.头部固定

下颌骨折固定：方法同头部十字包扎法。

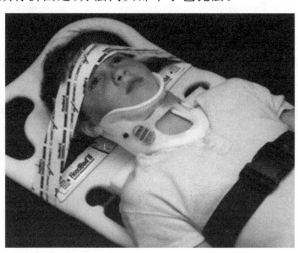

头部固定

### 2.胸部固定

（1）肋骨骨折固定：方法同胸部外伤包扎。

（2）锁骨骨折固定：将二条四指宽的带状三角巾，分别环绕两个肩关节，于背后打结，再分别将三角巾的底角拉紧，在两肩过度后张的情况下，在背后将底角拉紧打结。

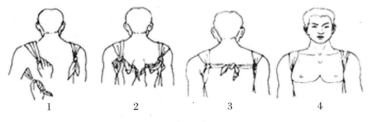

胸部固定

### 3.四肢骨折固定

（1）肱骨骨折固定：用二条三角巾和一块夹板先将伤肢固定，然后用一块燕尾式三角巾中间悬吊前臂，使两底角上绕颈部后打结，最后用一条带状三角巾分别经胸背于健侧腋下打结。

（2）肘关节骨折固定：当肘关节弯曲时，用二条带状三角巾和一块夹板把关节固定。当肘关节伸直时，可用一块夹板，一卷绷带或一块三角巾把肘关节固定。

（3）桡、尺骨骨折固定：用一块合适的夹板置于伤肢下面，用二块带状三角巾或绷带把伤肢和夹板固定，再用一块燕尾三角巾悬吊伤肢，最后再用一条带状三角巾两底边分别绕胸背于健侧腋下打结固定。

（4）手指骨骨折固定：利用冰棒棍或短筷子作小夹板，另用二片胶布作粘合固定。若无固定棒棍，可以把伤肢粘合固定在健肢上。

（5）胫、腓骨骨折固定：与股骨骨折固定相似，只是夹板长度稍超过膝关节就可。

（6）股骨骨折固定：用一块长夹板（长度为从伤员腋下至足跟），放在伤肢外侧，另用一块短夹板（长度为从会阴至足跟），放在伤肢内侧，至少用四条带状三角巾，分别在腋下、腰部、大腿根部、及膝部分别环绕伤肢包扎固定，注意在关节突出部位要放软垫。若无夹板时，可以用带状三角巾或绷带把伤肢固定在健侧肢体上。

### 4.脊柱骨折固定

（1）颈椎骨折固定：伤员仰卧，在头枕部垫一薄枕，使头颈部成正中位，头部不要前屈或后仰，再在头的两侧各垫枕头或衣服卷，最后用一条带子通过伤员额部固定头部，限制头部前后左右晃动。若有专业人员使用的颈托固定就既快又可靠。

（2）胸椎、腰椎骨折固定：使伤员平直仰卧在硬质木板或其它板上，在伤处垫一薄枕，使脊柱稍向上突，然后用几条带子把伤员固定，使伤员不能左右转动。

235

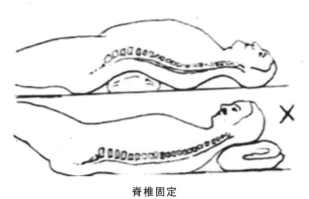

脊椎固定

5.骨盆骨折固定

将一条带状三角巾中份放于腰骶部绕髋前至小腹部打结固定,再用另一条带状三角巾中份放于小腹正中绕髋后至腰骶部打结固定。

 探索体验

(1)现在你知道颈部骨折该怎么固定了吗?

(2)现在你知道腹部骨折该怎样固定了吗?

(3)现在你知道四肢骨折该怎样固定了吗?

(4)假如今后在你的生活中发生了类似骨折的现象,青少年朋友们,你们能够正确的做好骨折部位的固定工作了吗?

 小贴士

异物固定:当异物例如刀、钢条、弹片等刺入人体时,不应该在现场拔出,这样有大出血的危险,要把异物固定,使其不能移动引起继发损伤。

# 六、气道通畅

 安全事故

在一个烈日炎炎的下午,有四、五个小学生在放学的路上

被一辆卡车撞倒,当时有两个小朋友呼吸困难,小脸憋的通红通红,其他的小朋友都急坏了,有一个小朋友说要不要做人工呼吸呀! 其他的小朋友也不知道该怎么办,卡车司机也晕倒了。这时,一个淡定的小女孩说道:别急,先看看情况,看看是什么原因导致的呼吸不畅,是不是领子太紧了,阻碍了他的呼吸,是不是刚刚吃的糖果在剧烈的撞击下卡在了喉咙里面,后来检查发现,真的是几个小伙伴边走路边吃糖果,在卡车撞过来的时候,这个小朋友的糖果刚好卡在了喉咙处,导致他的呼吸不畅,经急救后,小朋友恢复了正常的呼吸,脱离了危险。

互动讨论

(1)小女孩的做法正确吗?

(2)说要做人工呼吸的小同学的想法正确吗?

237

(3)要是你遇到这样的情况,你该怎么办呢?

知识加油站

通气是指保证伤员有通畅的气道。可采取如下措施:

(1)解开衣领,迅速清除伤员口、鼻、咽喉的异物、凝血块、痰液、呕吐物等。

(2)对下颌骨骨折而无颈椎损伤的伤员,可将颈部托起,头后仰,使气道开放。对于有颅脑损伤而深昏迷及舌后坠的伤员,可将舌拉出并固定,或放置口咽通气管。

(3)对喉部损伤所致呼吸不畅者,可作环甲膜穿刺或切开。

(4)紧急现场气管切开置管通气。

气道是空气从口、鼻进入肺脏的通道。如果气道被阻塞了,病人就不能呼吸。没有呼吸的病人会在4分钟内死亡。

急救开放气道的操作方法:

1.仰头举颏法。抢救者将一手掌小鱼际(小拇指侧)置于患者前额,下压使其头部后仰,另一手的食指和中指置于靠近颏部的下颌骨下方,将颏部向前抬起,帮助头部后仰,气道开放。必要时拇指可轻牵下唇,使口微微张开。

(1)食指和中指尖不要深压颏下软组织,以免阻塞气道。

(2)不能过度上举下颏,以免口腔闭合。

(3)头部后仰的程度是以下颌角与耳垂间连线与地面垂直为正确位置。

(4)口腔内有异物或呕吐物,应立即将其清除,但不可占用过多时间。

(5)开放气道要在3秒~5秒钟内完成,而且在心肺复苏全过程中,自始至终要保持气道通畅。

2.仰头抬颈法。病人仰卧,抢救者一手抬起病人颈部,另一手以小鱼际侧下压患者前额,使其头后仰,气道开放。

3.双手抬颌法。病人平卧,抢救者用双手从两侧抓紧病人的双下颌并托起,使头后仰,下颌骨前移,即可打开气道。此法适用于颈部有外伤者,以下颌上提为主,不能将病人头部后仰及左右转动。注意,颈部有外伤者只能采用双手抬颌法开放气道。

不宜采用仰头举颏法和仰头抬颈法,以避免进一步脊髓损伤。

我来体验

(1)现在你知道保持呼吸通畅要采用哪些方法了吗?

(2)下次,如果这样的事情发生在你身上,你知道要怎么办了吗?

小贴士

昏迷病人的舌头可能会阻塞咽喉和气道。可用下列方法让气道保持畅通:

(1)让病人平躺。

(2)用一只手的手指托起病人的下巴骨,另一只手按下病人的前额,使病人的头部呈后仰状态。这样做可以打开气道,防止舌头阻塞咽喉。

239

# 七、简单的心肺复苏

安全事故

春季的傍晚,蓉蓉和明明在外出的路上,看到前面发生了车祸,他们马上跑过去,蓉蓉看见一个受伤的老奶奶心脏骤停,需要进行心肺复苏,蓉蓉脑海中就浮现出以往在医院参观的时候看见那些医生演示的胸外心脏按压方法,便立即上前,对老奶奶进行胸外按压,在一段时间的救助后,老奶奶终于恢复了心脏跳动,挽救了一个生命,明明在一旁看到蓉蓉的行为,不禁竖起了大拇指。

**互动讨论**

(1)对于蓉蓉的做法你认为正确吗?

(2)你知道什么样的情况下需要进行心肺复苏吗?

(3)除了上面案例中说到的胸外按压方法,你还知道其他的心肺复苏方法吗?

**知识加油站**

一人心肺复苏方法:当只有一个急救者给病人进行心肺复苏术时,应是每做 30 次胸外心脏按压,交替进行 2 次人工呼吸。

二人心肺复苏方法:当有两个急救者给病人进行心肺复苏术时,首先两个人应呈对称位置,以便于互相交换。此时,一个人做胸外心脏按压;另一个人做人工呼吸。两人可以数着1、2、3进行配合,每按压心脏30次,口对口或口对鼻人工呼吸2次。

专家引路

（1）现代复苏的三大方法：口对口呼吸法、胸外心脏按压和电击除颤。

一般心脏停搏后：脑组织对缺氧最敏感，3 秒，头晕；5 秒～10 秒，产生黑蒙、晕厥，意识丧失；10 秒～15 秒，阿斯综合征；20 秒～30 秒，呼吸浅、慢、停止；大于 45 秒，散大瞳孔，1 分钟～2 分钟，瞳孔散大固定；4 分钟～6 分钟以上，中枢神经系统损害……

（2）临床表现

心脏呼吸骤停的判断：意识突然丧失，伴全身抽搐；心音消失，大动脉搏动消失，血压测不出；叹息样呼吸，间断呼吸，紫绀。

（3）心电图表现

心室纤颤（最常见，大于 $80\% \sim 90\%$ ），尖端扭转性室速；心脏停搏；电—机械分离。

（4）心肺复苏的适应症：各种原因引起的心跳、呼吸停止。

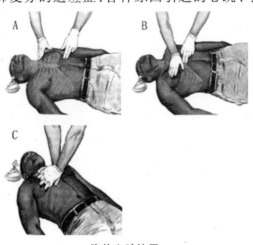
胸外心脏按压

（1）现在你知道要怎样进行心肺复苏了吗？

（2）你知道心肺复苏有哪几个步骤了吗？

（3）假如以后遇到需要进行心肺复苏的伤患，你做好准备了吗？

在进行心肺复苏前应先将伤员恢复仰卧姿势，恢复时应注意保护伤员的脊柱。先将伤员的两腿按仰卧姿势放好，再用一手托住伤员颈部，另一只手翻动伤员躯干。

若伤员患有心脏疾病（非心血管疾病），不可进行胸外心脏按压。

# 参考文献

[1]车振宁.道路交通安全需要全社会共同努力.人民公安,2012年04期:14.

[2]蔡安、蒙令华.多措并举保中小学生交通安全——访教育部基础教育司俞伟跃处长.道路交通管理,2007年07期:34.

[3]曹晓华、段海丹.儿童交通安全心理研究.衡阳师范学院学报,2011年04期:160.

[4]董磊.中小学生交通安全教育体系的构建与实践.道路交通管理,2012年01期:52.

[5]杜晓燕.山西省中小学生道路交通安全状况调查.山西警官高等专科学校学报,2011年01期:62.

[6]段蕾蕾、孙燕鸣、邓晓、张睿、吴凡.中国三城市儿童步行者道路交通安全状况回顾性研究.中国健康教育,2007年05期:330.

[7]范仕源.《道路交通安全法》修改对照解读.法制经纬,2011.05(下半月刊):23.

[8]葛青.由"中小学生交通安全卡"想到的.道路交通管理,2007年07期:50.

[9]何树林.关于道路交通安全形势的分析.辽宁警专学报,2008年05期:25.

[10]金海林.农用船水上交通安全管理对策探讨.交通企业管理,2008年10期:39.

[11]李桂芳.李奶奶讲交通安全课.道路交通管理,2006年

243

01 期:24.

　[12]南辰.儿童交通安全不容忽视.道路交通管理,2007 年 07 期:8.

　[13]宋宝珍.道路交通安全分析.科技创新导报,2011 年 16 期:115.

　[14]孙晓梅、韦晓凯.基于人的影响因素的道路交通安全分析.信息系统工程,2011 年 12 期:48.

　[15]田晓玲.浅谈中小学生交通安全教育体系的构建与实践.今日科苑 2009 年 18 期:193.

　[16]奚家全、赵先柱.重庆市小学生道路交通安全知识与行为调查.中国学校卫生,2007 年 06 期:507.

　[17]杨正华.未成年人交通安全工作不可忽视.法制与社会,2009 年 07 期:365.

　[18]张浩.道路条件对交通安全的影响分析.科技创新导报,2009 年 15 期:232.

　[19]周亚明.交通安全教育:从娃娃抓起的实践构想.四川教育学院学报,2007 年 06 期:103.